沒問題就開始表演了！

消失的紙牌

先將紙牌收進紙牌盒。

U0053820

那只是魔術常見的把戲。

媽哩媽哩空！

咦，紙牌盒去哪裏了？

魔術技巧：製造幻覺

　　魔術師呈現出與現實規律相反的效果，令觀眾以為自己產生了幻覺，是魔術魅力經久不衰的原因之一，其背後原理多和心理學有關。

心理學原理：認知失調

　　當生活中出現與認知相矛盾的信息時，人就會產生不平衡感，大腦便自動將二者協調一致，以克服此感受。

　　魔術正是利用此心理，觀眾認為物品不可能憑空消失，但魔術師卻能令其不見。為了協調自己的認知和魔術的結果，觀眾只好相信魔術是真的。

魔術師極擅長「愚弄」認知，除了將東西變不見，還能憑空變出來，比如從看似空空如也的魔術帽中變出一隻白鴿。

認知失調往往會令人產生壓力，但由於觀眾已知魔術是表演，反而產生刺激感和新鮮感。

好神奇！

哇～

呀，是大偵探福爾摩斯！

這位先生知道箇中機關嗎？

這有何難？那根本不是「一副牌」。

消失的紙牌揭秘！

紙牌盒底和背面並沒有外殼，其材質和顏色與收納盒相同。

看似裝滿紙牌，其實是圖案，只有展示用的紙牌是真的。

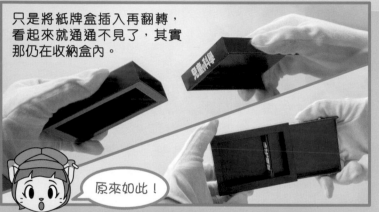

只是將紙牌盒插入再翻轉，看起來就通通不見了，其實那仍在收納盒內。

原來如此！

魔術技巧：演繹

演繹（presentation）或稱表演是魔術的精髓。魔術背後的原理大多十分簡單甚至無趣，但優秀的魔術師能通過精湛的演技和視覺效果迷惑觀眾，騙倒他們。

◀表演時，可在插入紙牌盒後等待幾秒，打一個響指再翻轉。

▶或向盒子吹口氣再翻轉，製造施展魔法的效果。當然途中別讓觀眾看到箇中機關。

心理學原理：違背預期

另外，違背人的心理預期也是魔術慣用的技巧。魔術師製造突然的反轉場面，給觀眾帶來驚喜。心理學家曾在一項研究中發現，每當魔術違背預期的那一刻出現時，測試者大腦中產生驚訝情緒的區域便會非常活躍。

只是每一個人的心理預期未必都容易打破，所以魔術師常會尋找能被迷惑的有效觀眾協助表演。

有效觀眾

無效觀眾

魔法手帕

我的手帕中住着一隻小精靈。

只要聽到我的召喚，牠就會醒來！

手帕裏真的有小精靈嗎？

不過是裝神弄鬼罷了。

心理學原理：迷信

神燈說你這次考試沒溫習，只有把零食交上來才能及格！

她怎麼知道？

給你！一定要保佑我通過啊！

隔空開燈！

遙控器

迷信指非理性的相信某些神奇的力量。心理學家認為，它源於人們對美好願望的期待與不幸災難的畏懼，而魔術則成為其中一種「實現」願望的具體方式。

在知識匱乏的古代，魔術曾是強化大眾對神靈信仰的手段。到了現代，科學的啟蒙加上教育的提升使人們不再對魔術深信不疑，但仍對奇妙的事情有所嚮往，所以魔術師就利用精靈、魔法等說法作為表演的工具。

魔法手帕揭秘！

手帕中一定暗藏機關！

1 手帕的一角內藏一根 L 形的鐵絲。

2 可先撫摸手帕數次，找到鐵絲位置後再開始表演。

折疊手帕後，以手輕輕按壓鐵絲的短邊，長邊就會帶動手帕立起。

魔術技巧：錯誤引導

這簡稱錯引（Misdirection），指魔術師將觀眾的注意力引導至其他地方，以分散他們對魔術機關的注意力，從而製造出其不意的效果。

按着機關的手：A
沒碰機關的手：B

如不想讓觀眾看到魔術的機關，須吸引他們看另一樣東西：本魔術錯引的道具是 B 手。

觀眾會看向魔術師視線所在的方向：表演時，魔術師可看向手帕中心或 B 手。

用大動作掩飾小動作：表演時，B 手的動作幅度應大些，令觀眾不去看 A 手按壓機關的動作。

通常情況下，若兩隻手一前一後，觀眾會看向更靠近自己視角的那隻手：表演時，若觀眾坐在對面，則 B 手應在 A 手的前方；若觀眾坐在身側，則 A 手應在 B 手前方。

心理學原理：選擇性注意力

人難以同一時間關注多種事物或信息，只能選擇將注意力集中在其中一項事物。心理學家威廉·詹姆斯（William James）提出了「聚光燈模型」，認為人的視覺範圍雖較大，但只有注意力焦點所在的信息較清楚，其他信息則較模糊。

全場玩具 2 折！錯過不再有

注意力焦點

注意力邊緣

讀心卡牌

第一張牌

某些表演中,魔術師事會先記住整副牌中最上面的第一張牌,再請觀眾掉亂牌的次序。

最後用一些技巧,讓觀眾選中那一張牌。

魔術技巧:強迫選牌

簡稱迫牌(classic force),屬紙牌魔術技巧。魔術師常讓觀眾隨便選擇一張自己想要的牌,其實該牌是魔術師預先選好的,其過程可說是魔術師最下功夫的部分。

心理學原理:自由意志偏差

人們認為自己所做的選擇一定是完全自由的,而心理學家卻發覺當中有所偏差。例如,研究者發現觀眾往往喜歡選擇一副牌中間的卡牌,那僅出於方便的考慮,而非真正想要。

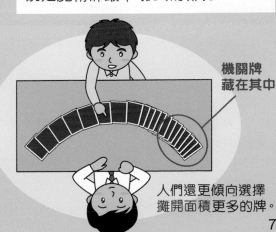

機關牌藏在其中

人們還更傾向選擇攤開面積更多的牌。

竟隨便用我們的樣子表演，太過分了！

呃……

對啊，快把賺到的錢分我一半！

後退……

哎喲！

撲通～

哈哈！

他們身上竟有這麼多道具！

讀心卡牌揭秘！

1 魔法棒上本就有字，只是先不給觀眾看，如果觀眾選擇小兔子，則展示魔法棒上的「YOU WILL CHOOSE BUNNY」字樣。

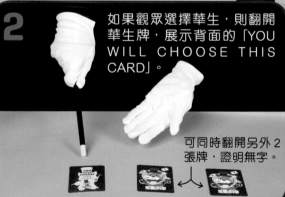

2 如果觀眾選擇華生，則翻開華生牌，展示背面的「YOU WILL CHOOSE THIS CARD」。

可同時翻開另外2張牌，證明無字。

3 如果觀眾選擇愛麗絲，則從口袋中掏出「YOU WILL CHOOSE ALICE」答案牌。

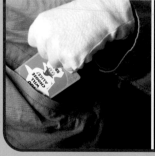

心理學原理：首因效應

此亦稱「先入為主效應」。人們往往根據對方的第一印象去判斷其性格本質，若初次見面已對那人有良好的第一印象，那麼即使他之後犯錯也很難改變好感，反之亦然。

20世紀初的著名魔術師馬克斯‧馬利尼（Max Malini）身上總是藏有道具，以便隨時表演。他常從魔術帽中突然變出一個巨大的冰塊，給觀眾留下驚奇的第一印象。他的成功，離不開這種隨時抓住機會留下好印象的積極精神。

魔術的心理學意義

　　從前魔術常作為醫療手段，分散病人對病情和小手術的注意力，減緩其焦慮。另外，即使魔術僅作為一般表演，也對心理健康有促進意義。心理學家在一篇論文中將魔術分成三個階段，並分析其作用。

第一階段：看魔術
這令人產生驚喜的情緒和好奇心，從而激發探索行為。

第二階段：學魔術
破解魔術的過程可提高人的自信，培養新的認知模式。

第三階段：表演魔術
成功的表演能增強表演者的自信心和自我效能感（即相信自己可以達成某事的信念）。

年初一那天——

動物
環保生態協會 Eco Association

在兔年最後的一個月見到你,真幸運!

希望大家來年仍動如脫兔,行動和思考也敏捷如斯呢!

黑尾長耳大野兔

© 海豚哥哥 Thomas Tue

　　黑尾長耳大野兔(Black-Tailed Jackrabbit, 學名:*Lepus californicus*)屬中等身形的野兔。身長可達 60 厘米,體重可達 3 公斤。身體毛皮呈灰褐色,頭上有長長的大耳朵,頭部略平,前腿細長,後腿更超過 12 厘米,尾巴尖端為黑色。

　　牠們以吃草和植物為生,多在草原、沙漠和乾旱地區棲息,主要分佈於美國和墨西哥一帶,壽命估計可達 5 歲。

© 海豚哥哥 Thomas Tue

▲黑尾長耳大野兔的視力良好,具有近 360 度的視野,以便及早發現掠食者。而其長耳朵有助散熱,降低體溫。

© 海豚哥哥 Thomas Tue

▲牠們的後腿不但長,而且十分粗壯,令其能以高達每小時近 60 公里的速度奔跑,以躲避掠食者。

想觀看黑尾長耳大野兔的精彩片段,請瀏覽以下網址:youtube.com/@mr-dolphin

f 海豚哥哥 Thomas Tue

海豚哥哥簡介

　　自小喜愛大自然,於加拿大成長,曾穿越洛磯山脈深入岩洞和北極探險。從事環保教育超過 20 年,現任環保生態協會總幹事,致力保護中華白海豚,以提高自然保育意識為己任。

農曆新年將近，愛因獅子造了一個掛飾送給大家。可是大家一看，竟然是一隻蝙蝠。

動物

製作時間：約 45 分鐘
製作難度：★★★☆☆

哇，你想嚇人嗎？

新年當然要「蝠」到啊！

福到！「蝠到」！蝙蝠掛飾

放開拉繩，蝙蝠便會拍翼！

拉下雙翼的拉繩⋯⋯

製作方法

⚠請在家長陪同下使用刀具及尖鋭物品。

材料：紙樣、棉繩　　工具：剪刀、別刀、雙面膠紙或膠水、打孔器、鉛筆

1 先粗略剪出蝙蝠紙樣，再沿虛線對摺，並用膠水或雙面膠紙黏合。

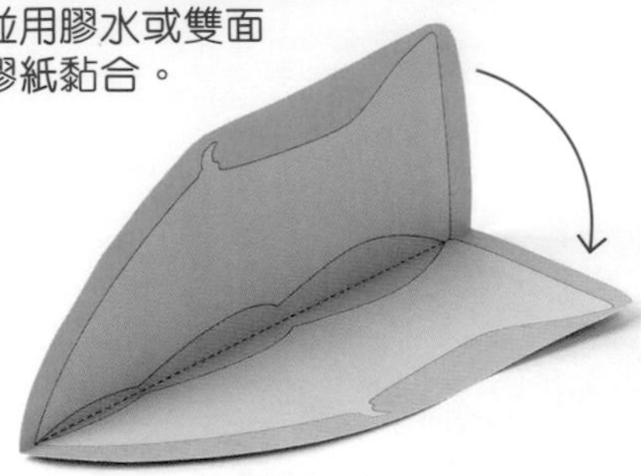

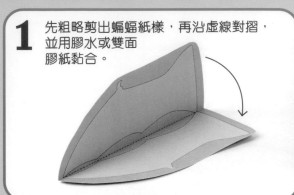

2 沿綠色線修剪。

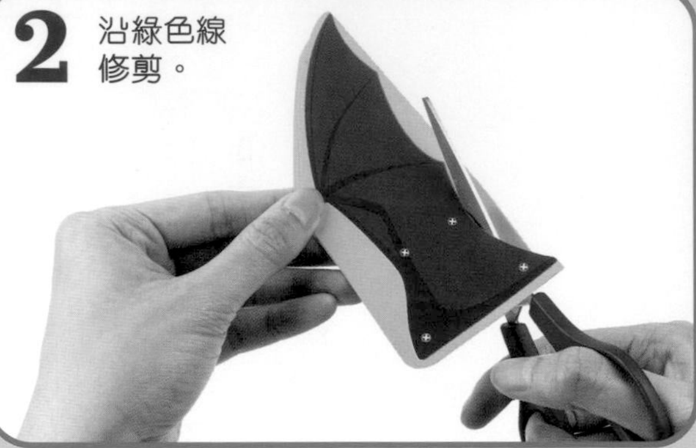

3 按紙樣標示打洞。

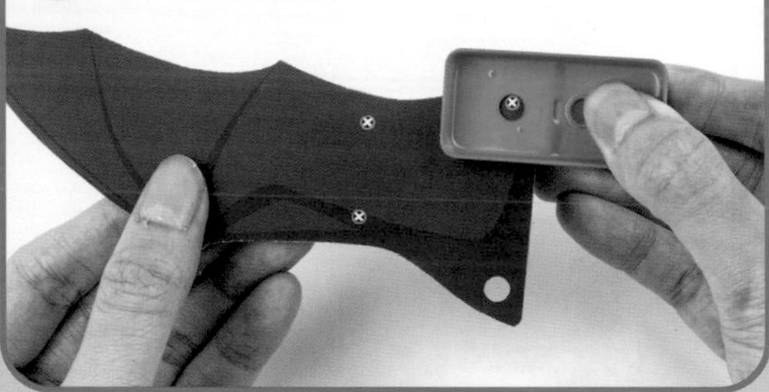

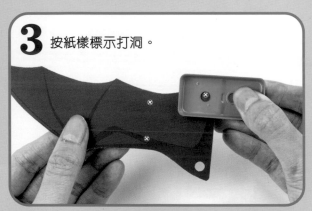

4 剪出一條約 25 至 30cm 的棉繩，按圖所示穿過雙翼及軀幹。

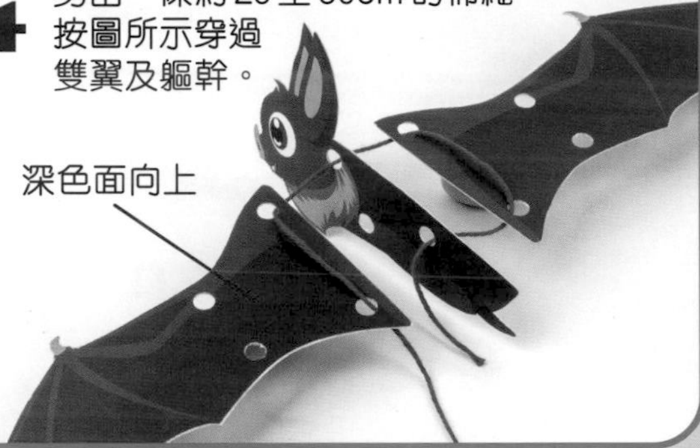
深色面向上

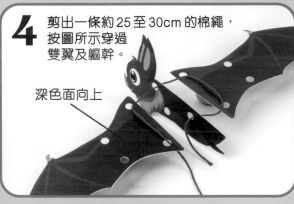

5 稍稍拉扯後打結。

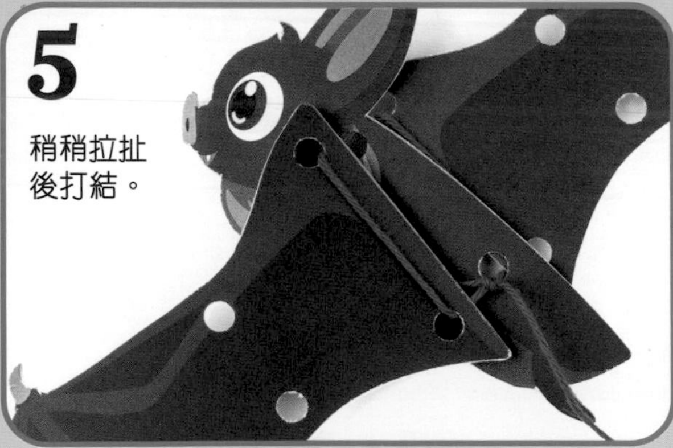

6 向兩邊拉扯雙翼，檢查軀幹及翼間約有 5mm 間隔，而且能大致平行。若偏差太大，則把棉繩剪掉，再重複步驟⑤。

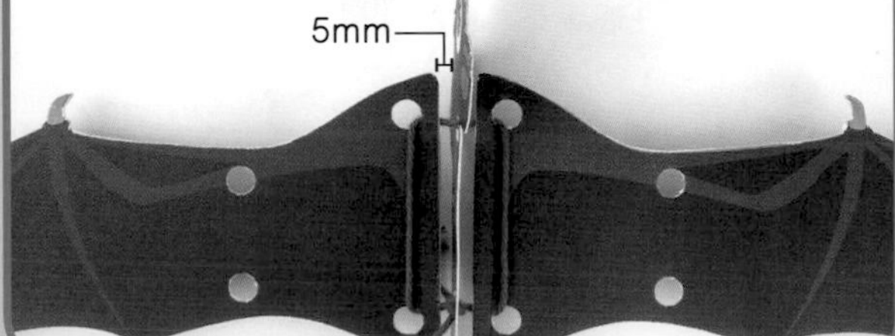
5mm

7 剪出 2 條約 40cm 的棉繩，如圖穿過兩翼較近中間的洞，然後打結。

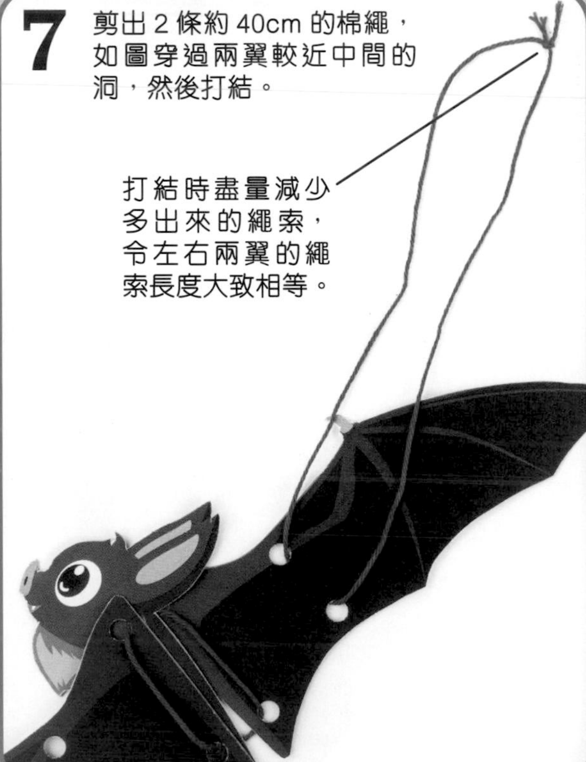
打結時盡量減少多出來的繩索，令左右兩翼的繩索長度大致相等。

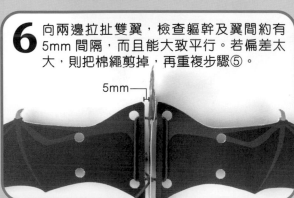

8 剪出三角柱紙樣，用鉛筆沿虛線刮出摺痕，然後接駁及剜出中間的 4 個洞。

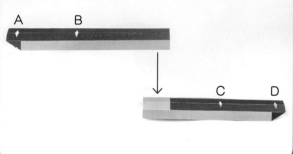

9 剪一條約 45cm 長的繩，穿過三角柱紙樣的洞 B 及洞 C，然後打結。

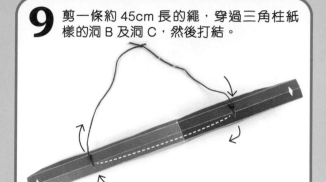

10 把三角柱紙樣摺成三角柱及貼穩。

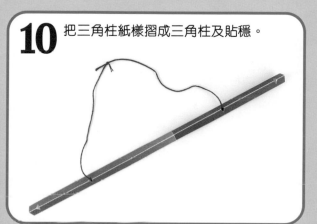

11 剪出垂吊物紙樣，對摺黏貼及打洞。

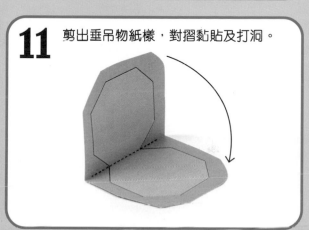

12 剪一條 40cm 長的繩索，穿過蝙蝠軀幹下方及垂吊物的洞，然後打結。

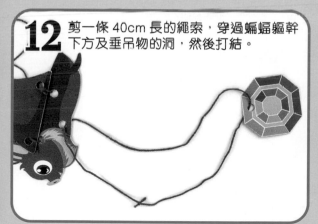

13 如圖利用洞 A 及洞 D，吊着蝙蝠兩翼。

完成！

數量第二多的哺乳類動物

蝙蝠屬於哺乳綱「翼手目」，是唯一真正會飛翔的哺乳類動物。目前已知的 6400 多種哺乳類動物中，翼手目動物有 1400 種，約佔 20%。牠們遍佈南極及北極以外的所有地方，種類繁多。

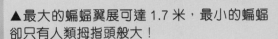

▲最大的蝙蝠翼展可達 1.7 米，最小的蝙蝠卻只有人類拇指頭般大！

倒吊才舒服？

幾乎所有蝙蝠都是倒吊着休息。牠們的後腳膝頭跟人類的相反，是指向後的，加上腳部有特別的筋腱，在後腿肌肉放鬆時可鎖定趾骨，令牠們不費氣力就能抓住樹枝或岩石而倒吊着。若要放開樹枝或岩石時，反而須用一些力氣才能做到。

▲從左圖中的短尾果蝠可看到其後腿膝頭向後屈曲，跟人類膝頭前屈的方向剛好相反。

▶ 由於蝙蝠後腿的骨骼幼小，不能承受太大的壓力，因此蝙蝠無法助跑起飛。可是，從倒吊狀態起飛就簡單得多，牠們只要在下墜的途中張翼，就能飛行了。

蝙蝠為甚麼令人感到害怕？

擔心被咬或被吸血，是人害怕蝙蝠的原因之一。目前有 3 種吸血蝙蝠，但牠們主要吸牛隻等家畜的血，甚少會吸人血。大部分蝙蝠都是吃昆蟲、植物或水果為生，而且十分溫馴，甚至怕人。

另一個令人害怕蝙蝠的原因，在於牠們帶有許多危險的病毒。蝙蝠的免疫系統非常強勁，只有最兇猛的病毒才能在其體內存活。若那些病毒傳到人類等免疫力較低的生物，往往會引起大病。因此，獸醫或保育人員處理蝙蝠時，一般都會戴手套及口罩，以免受到感染。

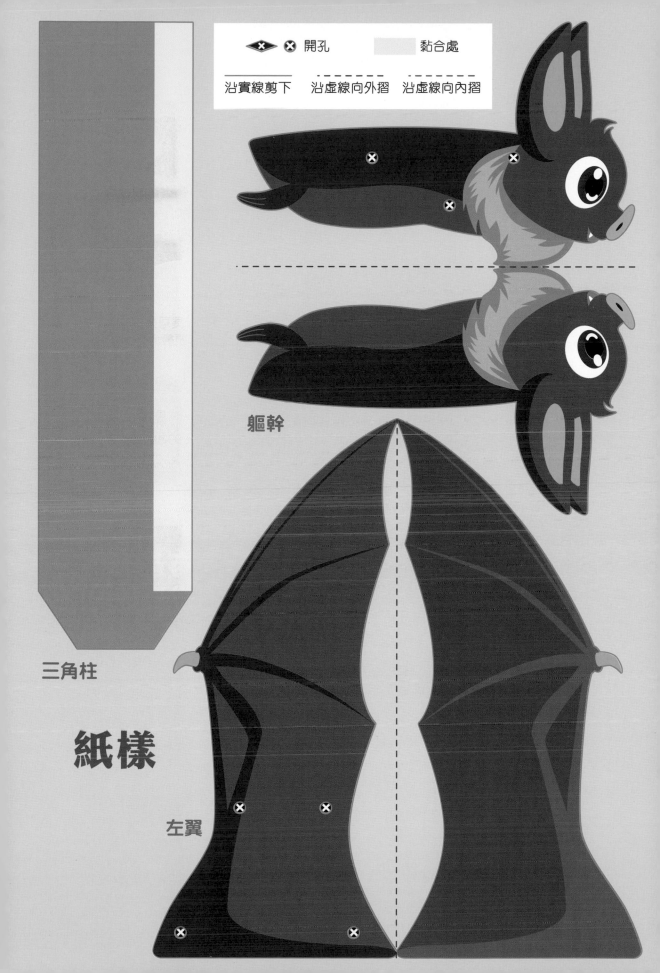

開孔

黏合處

沿實線剪下　沿虛線向外摺　沿虛線向內摺

三角柱

軀幹

紙樣

左翼

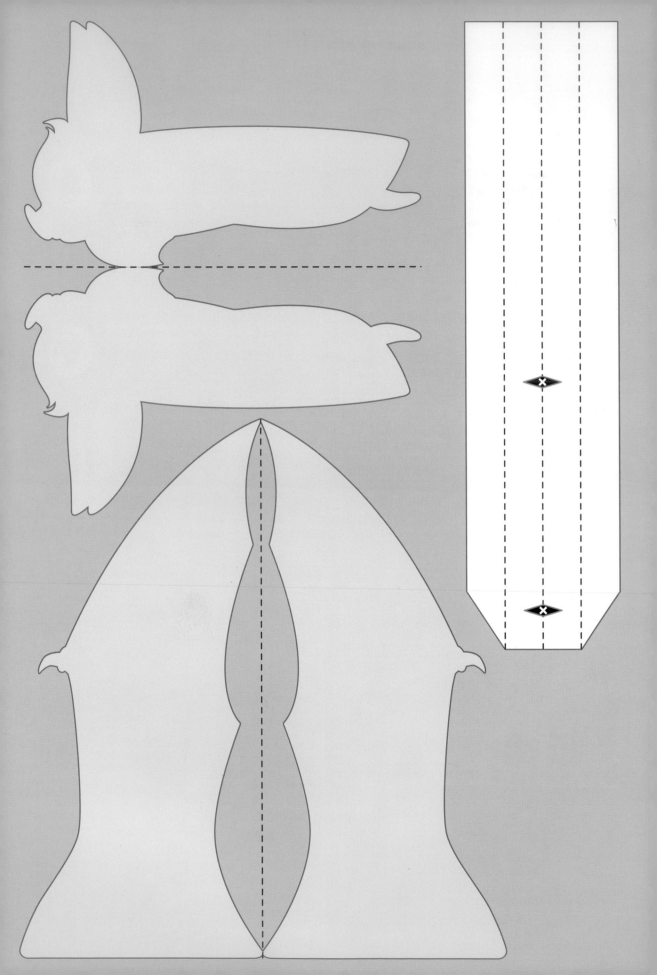

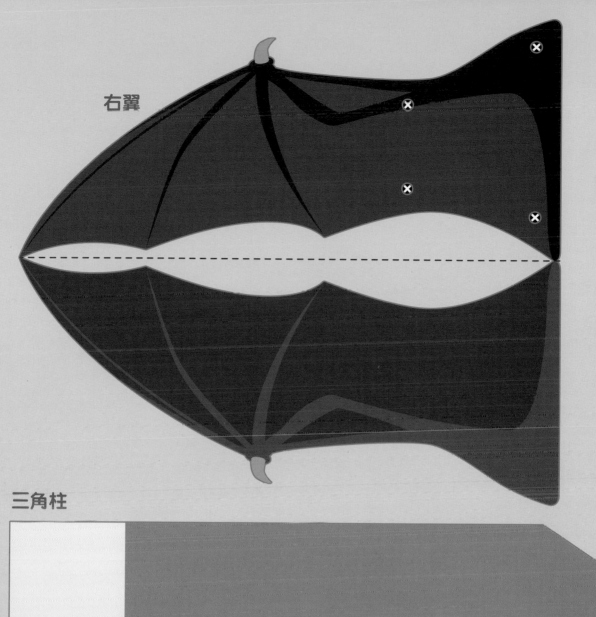

右翼

三角柱

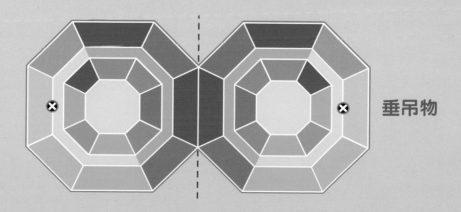

垂吊物

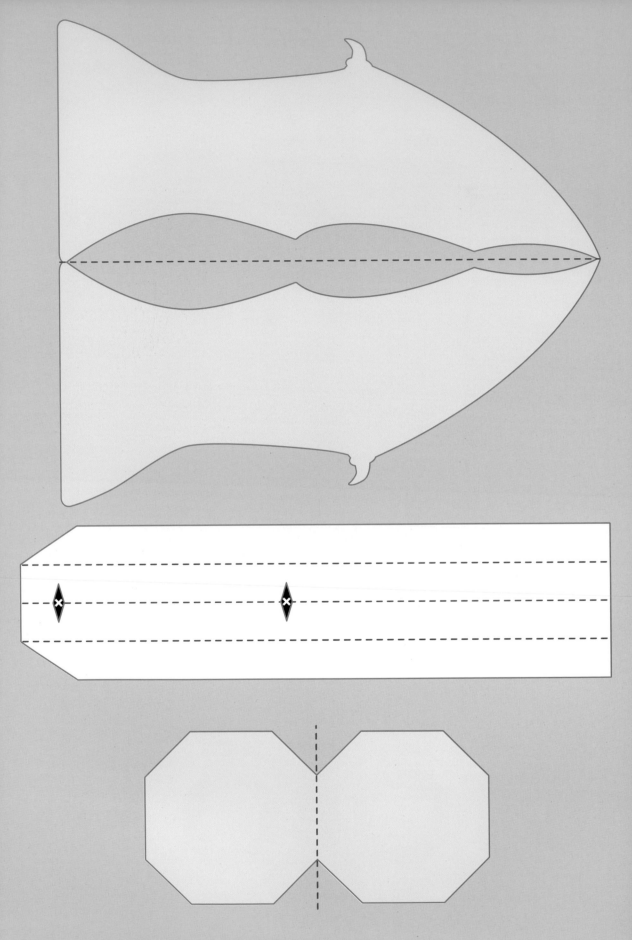

「除」舊迎新

化學

科學實驗室

年廿八那天，頓牛和居兔夫人大掃除時，找到一些貼有標籤的空瓶空罐，以及用油性筆寫滿字的透明文件夾。二人打算清理那些標籤和筆跡，令物品得以再用，也除舊迎新。

兒科

廿廿細胞分子

2023日誌

哎呀！

標籤清除妙招

筆跡清除妙招

標籤清除妙招

材料：貼有標籤的透明空瓶罐或其他容器、
　　　酒精、潤手膏
工具：間尺、毛巾

STEP ① 在容器下墊上毛巾。

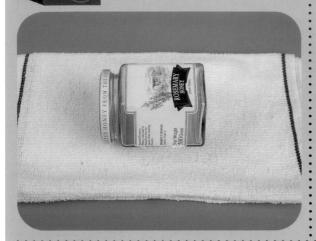

STEP ② 方法一：將酒精慢慢倒在容器的標籤上，等待酒精浸潤標籤紙。

STEP ③ 用間尺沿標籤的邊緣慢慢刮走標籤紙。

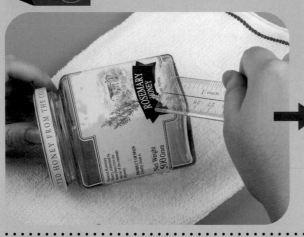

STEP ④ 方法二：將護手膏塗抹在標籤上，等待 20 秒後用間尺刮去。

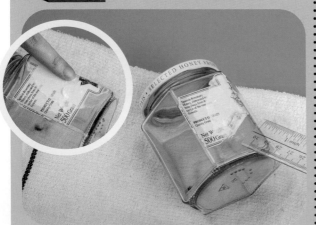

STEP ⑤ 刮掉全部標籤紙後，罐子表面乾淨如新！

原理

一般標籤中的膠水都是有機化合物（簡稱有機物），而酒精是一種有機溶劑，能溶解有機物，令標籤失去黏性。另外，酒精作為液體能軟化標籤紙，使清除更方便。

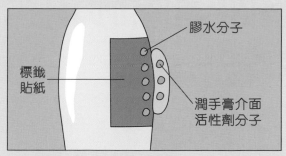

膠水分子
標籤貼紙
潤手膏介面活性劑分子

指甲油

汽油

▲指甲油與汽油也屬有機物，對膠水的清除力度更大，但氣味較重且包含其他有害物質，並不推薦使用。

而且酒精是非常有效的消毒劑，可消滅細菌！

潤手膏中含介面活性劑，能降低液體和固體間的表面張力，將膠水分子分散並與容器分離，失去黏性。因此它具有**高度滲透性**，能滲透到標籤貼紙內側，加深清潔效果。

◀表面張力能使略高於水杯外的水向內聚攏，從而不流出杯口。

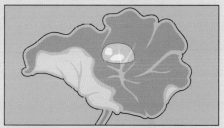

▶滴在荷葉表面的水會因表面張力聚攏成一個水球。

有機物是甚麼？

有機物？無機物？

有機物指含**碳元素**（化學符號為 C）的大部分物質，無機物則通常不含碳元素。二者最大的區別是：碳元素是有機物的**中心**和**骨架**，連接其他元素；至於無機物，即使其中有碳元素，卻不作骨架。

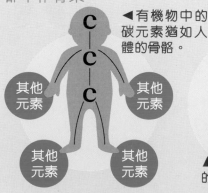

◀有機物中的碳元素猶如人體的骨骼。

C
C
C

其他元素
其他元素
其他元素
其他元素

▲有機物也是生命產生的基礎條件。

特例

C　O

▲碳的氧化物（O 為氧元素的化學符號）就不算有機物。

二氧化碳

▶常見的含碳元素無機物是二氧化碳，如汽水就含有這種化合物。

Col

筆跡清除妙招

材料：透明文件夾、塗改液、油性筆、A4 紙
工具：間尺

STEP 1 用油性筆在透明文件夾上繪畫喜愛的圖案。

STEP 2 將塗改液塗抹在筆跡上。

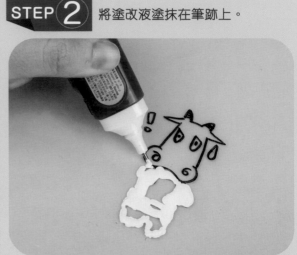

STEP 3 待塗改液徹底乾涸後，用間尺輕輕將其刮走。

請勿用太大力，以免在透明文件夾上留下刮痕。

STEP 4 刮掉全部塗改液後，筆跡連同塗改液一起消失了。

STEP 5 可換用 A4 紙嘗試同樣的實驗，觀察結果。

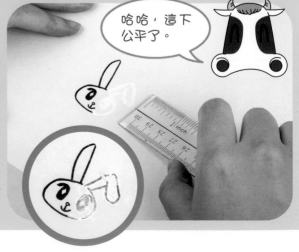

原理

油性筆的墨是油性的，而水和油互相排斥，因此水不能將墨清除。相反，塗改液為親油性溶劑，可分解油性的墨。另外，塗改液能迅速風乾，當它分解油墨並乾透後，便可用工具一併除去。

水無法溶解油墨。

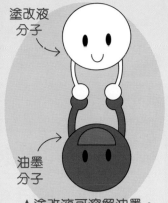

塗改液分子

油墨分子

▲ 塗改液可溶解油墨。

紙上筆跡為何除不去？

紙張由一條條纖維交織而成，水、油、酒精等液體都可滲進纖維中，難以從紙的表面清理。至於透明文件夾為塑料材質，油墨無法滲透下去。

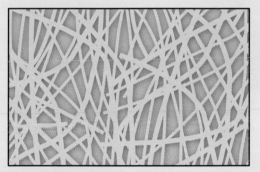

▲ 紙纖維放大圖

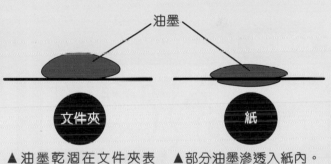

油墨

文件夾　　　　紙

▲ 油墨乾涸在文件夾表面。　　▲ 部分油墨滲透入紙內。

新年新氣象！

▲ 可洗乾淨空罐後放入小裝飾，製作新年瓶送給來訪客人。

過年後若想更換其他裝飾，可再用本實驗方法除去舊圖案呢～

▲ 在文件夾上貼窗花剪紙，營造新年氣氛！

讀者天地

不知道液壓蠍子能否夾起大家聖誕節收到的禮物呢？

簡誠謙

*給編輯部的話

今期的液壓蠍子很有趣！我發現液壓蠍子也可撿起指南針和公仔呢！

蠍

希望刊登

只要用足夠的力壓住針筒，就能產生相應的力把東西夾起來呢。

袁韻婷

*給編輯部的話（希望刊登）

我的最愛 評分（1-100）請回信 隕石流星彗星。

我也很喜歡隕石、流星和彗星呢！還有各種有趣的天體，如星雲、星團、雙星系統……

過於自我陶醉而忘了打分數。

胡凱淇

*給編輯部的話

請評分（1-10）

雖然打算給 10 分，但為何畫中的我好像倫倫？

李浩

*給編輯部的話

為甚麼福爾摩斯不先吃完他的那份手信才讓小兔子和愛麗絲吃呢？

因為我不是小兔子，我會讓小孩子先吃。

電子信箱問卷

這次「牛奶暴風雪」很有趣呢！我加了紫色的食用色素，十分漂亮。	熊思堯
期待下一次科學 Q & A! 這次捐血的主題我很感興趣	楊彥勤
我想連載福爾摩斯實戰推理系列	陳琛
希望專題可以講一講電子產品	陳穎

大偵探 福爾摩斯
SHERLOCK HOLMES
科學鬥智短篇⑥⑩
猩仔神探⑴

厲河=小説　陳秉坤=繪

陳沃龍、徐國聲=着色

福爾摩斯 精於觀察分析，曾習拳術，是倫敦最著名的私家偵探。

華生 曾是軍醫，樂於助人，是福爾摩斯查案的最佳拍檔。

「不得了！不得了啊！」華生一踏進家門，就舉起手上的報紙興奮地叫道。

「**大驚小怪**的，難道有甚麼大新聞？」坐在沙發上的福爾摩斯看了看華生，拿下口中的煙斗問。

「李大猩，是李大猩啊！他登上了社會版的頭條！」

「頭條？難道他捉賊時**英勇殉職**，獲追頒英勇勳章了？」福爾摩斯戲謔地問。

「哎呀，你積一點**口德**行嗎？」華生走過來扔下報紙，沒好氣地說，「他從綁匪中救出一個人質，那個人質還是個小孩呢！」

「這麼厲害？」福爾摩斯拿起報紙看了看，「真的是李大猩呢！看他**神氣十足**似的，好威風啊。咦？怎麼沒有狐格森的？」

「報上沒說，只是説李大猩**單人匹馬**潛進綁匪巢穴，一下子就制服了兩個綁匪，把被綁架的小孩子救了出來。」

「嘿嘿嘿，孖寶傻探最愛**狗咬狗骨**，狐格森看到報道沒自己的份兒，一定恨得咬牙切齒

了。」福爾摩斯笑道。

「對了，李大猩在訪問中還說，他小時候也破過一宗小孩綁架案，還說那個案子的案情**錯綜複雜**，他費了**九牛二虎之力**，才從被綁小孩留下的痕跡中找出線索，救回小孩一命。所以，他說自己對調查小孩綁架案**駕輕就熟**，一點也不困難云云。」

「甚麼？他真的這樣說？」福爾摩斯眉頭一皺，「這傢伙真的是**恬不知恥**，在記者面前自吹自擂也不臉紅呢。」

「啊？難道你知道他兒時破的那個案子？」華生訝異。

「知道啊。那個案子確實錯綜複雜，李大猩也確實從小孩留下的痕跡中找出很多線索，至於他是否救了小孩一命，這倒不好說呢。」福爾摩斯把弄着手中的煙斗，**若有所思**地一笑。

「夏洛克，走快一點吧！」猩仔向身後大叫。

「**匆匆忙忙**的幹甚麼啊？究竟你想帶我去哪裏？」夏洛克問。

「別問那麼多好嗎？我想給你一個驚喜呀！」

「驚喜？你哪曾給過我**驚喜**？**驚嚇**倒多的是。」

「哎呀，算了。」猩仔故作神秘地一笑，「嘻嘻嘻，我要帶你去見一個好朋友，你一定想認識他！」

「一定想認識？為甚麼？」

「嘿嘿嘿，因為——」猩仔一頓，然後**煞有介事**地說，「他是一個**富家少爺**！」

「富家少爺？我才不想高攀呢。再見！」夏洛克說完，想轉身就

走。

「且慢！」猩仔慌忙把他攔住，一臉正氣地説，「瑞士巧克力！」

「甚麼意思？」

「他家裏有很多！」

「跟我有何關係？」

「想吃多少有多少！」

「我沒你那麼**饞嘴**。」

顯微鏡！」

「甚麼意思？」

「想看多久看多久！」

「這個嘛……」

地球儀！」

「啊？」

「可以轉轉轉！轉不停！」

「可是……」

「還有**小提琴！**」

「真的？」

「可以隨便拉！」

「走！馬上去找你的朋友！」夏洛克興奮地拉着猩仔的手就走。

「哈哈哈，都説你一定想認識他的啦！」猩仔像**詭計得逞**似的咧嘴笑道。

「你的朋友甚麼都有呢。」夏洛克羨慕地説。

「他媽媽想他當科學家，又説音樂可以**陶冶性情**，每天都要學好多好多東西，當然甚麼都有啦！」

「他是你的同學嗎？」

「不是啦，是我在街上**路見不平，拔刀相助**時認識的！」猩仔突然凌空踢起一腳，滿臉霸氣地説，「我三拳兩腳打走了十幾個欺負他的頑童，就是這樣，他成為了我的好朋友。」

27

「十幾個？」夏洛克不敢置信。

「哇哈哈！故事誇張一點才精彩呀。當時，他請我吃了幾塊瑞士巧克力。哇！太好吃了！叫人**念念不忘**啊！於是，我嘴巴一癢，就會去找他了。」猩仔臉不紅耳不赤地說，「但這兩天已找了他三次，有點不好意思啦，就想到把你介紹給他認識了。你知道，有**藉口**就不會不好意思啦！」

「原來是**草船借箭**，用我來騙吃巧克力。」夏洛克終於明白了。

「你可以看顯微鏡和地球儀，又可以玩小提琴啊。我嘛，哈哈哈，可以吃瑞士巧克力，**各取所需**罷了！」

說着說着，兩人已去到一所氣派不凡的豪宅前。可是，他們通過閘門，看到擺滿了盆栽的花圃後方，有兩個女人和兩個男人正圍着一扇窗，有點**神色慌張**地討論着甚麼。

「唔？那不是**小象**書房的窗户嗎？他們圍在那裏幹甚麼呢？」猩仔感到奇怪，於是逕自拉開閘門，就往那幾個人走去。

夏洛克見狀，也連忙跟上。他單憑那4個人的衣着，就分得出他們的身份。穿着西裝的高個子，是**管家**；穿吊帶工人褲的矮個子，是**園丁**；穿圍裙的胖女人，是**女傭**；而穿着一身高貴套裝裙的少婦，當然是**小象的媽媽**了。

「艾萊夫人，少爺一定是從這個窗口走出去玩了。」管家向那位高貴的少婦說。

「不會吧？」**艾萊夫人**皺起眉頭說，「我叫他今早必須做好功課的呀，他怎會那麼大膽走出去玩呢。」

「想起來……」胖女傭想了想說，「少爺這幾天好像**心事重重**似的，真令人擔心啊。」

「這麼說來，昨天修剪花卉時跟他打招呼，他也只是垂着頭看着草地，完全沒理會我呢。」矮個子園丁說。

「那……那怎麼辦？小象去了哪兒呢？」艾菜夫人**心焦如焚**。

「怎麼了？怎麼了？」猩仔走進去高聲問道，「小象怎麼了？」

「你是誰？」管家訝異。

「我是小象的好朋友，剛好來找他要**巧**──」猩仔幾乎**脫口而出**，但馬上剎住更正道，「他要**巧、巧、考試**。對！他要考試，我來找他溫習功課的啦。」

「是嗎？可是，今早起來，他就不見了。」艾菜夫人說，「我以為他在書房裏，本想打開門看看的，但房門被**反鎖**了。所以，就走來院子從窗口往裏面看，怎知道，他也不在書房內。」

「讓我看看。」猩仔走近半開着的**窗口**，往內看了看，「真的沒有人呢！」

「你是少爺的朋友，知道他去了哪裏嗎？」管家問。

「不知道啊。不如進書房看看，說不定他留下了去哪裏的**字條**呢！」猩仔提議。

「可是，他反鎖了門啊。」胖女傭說。

「哎呀，這個太簡單啦！」猩仔說着，轉過頭來向夏洛克說，「你爬進去開門吧。」

「**我？**」突然被猩仔點名，夏洛克不禁一怔。

「你身子輕巧嘛。」猩仔**理所當然**似的說，「我雖然也可以爬進去，但今早吃得太飽了，恐怕會把窗框**踩爛**啊。」

「這也好。」艾菜夫人向夏洛克說，「麻煩你了。」

「是嗎？」夏洛克只好點點頭，走到窗前去。可是，當他正想爬上時，卻突然止住了。

「**怎麼啦？**沒吃早飯嗎？」猩仔說，「這麼矮

的窗也沒氣力爬上去？」

「不，這裏有個**鞋印**啊。」夏洛克指着窗邊的木框説。

「甚麼？」眾人馬上湊過去看。果然，**窗框**上有個清晰可見的鞋印。

「呀！」胖女傭叫道，「我認得，這是少爺的鞋印！」

「唔……是**右腳的鞋印**呢……」猩仔托着腮子，**裝模作樣**地分析道，「而且鞋頭向外，他一定是踏在窗邊上，然後跳出窗外離開了。」

「對，一定是這樣。」管家説，「正如我剛才猜測那樣，他是從這個窗口偷走到外面去了。」

「**事不宜遲**，快進去看看吧！」猩仔説。

「好的。」夏洛克説着，就抬高右腳踏上了窗邊。由於窗下擺了一張書桌，他就抬起左膝跪到桌上，再騰出右腳踏在桌前的椅子上當作腳踏，跳進了房內。他看到，桌上有一個插着文具的**筆筒**、一本打開了的**作業本**、幾本疊得很整齊的**書**、一個寫着「Swiss Chocolate」的木盒，和一個擦得亮晶晶的**顯微鏡**。

接着，他又掃視了一下房內，看到其中兩面牆都是書架，架內更整整齊齊地排滿了書，書本之間還擺放着一個**地球儀**。不過，奇怪的是，第三面牆的下方竟有一張窄小的**單人床**。但他想了一下，就馬上明白了。小象一定是個很勤奮的學生，常常在書房裏溫習功課，累了就在床上小睡片刻。所以，他的媽媽就特意在房內放一張小床了。

「**喂！**怎麼不開門呀！我們已在書房門口啊！」猩仔的叫聲打斷了夏洛克的思緒。

「來了、來了。」他趕忙走去拉開門閂。

門一打開，猩仔就衝進來，並**急不及待**地左看看右看看。沒有甚麼發現後，他又蹲了下來，看了看床底下。

「咦？有一隻**皮鞋**呢！」説着，他伸手抓住鬆脱了的鞋帶，把那隻皮鞋拉了出來。

「這是小象最喜歡的皮鞋，他在上學期考第一時，我送給他的。可是，還有**一隻**呢？」艾萊夫人接過皮鞋説。

聽到女主人這麼説，胖女傭慌忙在房中找了一下，雖然沒發現另一隻鞋子，卻在桌子下面撿到 **一張紙**。

「給我看看。」猩仔奪過紙張一看，不禁面色大變。

「怎麼了？」夏洛克湊過去看，只見上面寫着：「不要報警，準備錢，否則我會沒命。」

猩仔「**咕咚**」一聲吞了一口口水，才懂得説：「小象……小象原來被綁架了！」

「甚麼？」艾萊夫人大吃一驚。

猩仔把紙張遞過去，問道：「伯母，你看看，這是**小象的字跡**吧？」

艾萊夫人一看，霎時臉色煞白，好像要昏倒似的全身晃了晃。管家見狀，慌忙衝前扶住了她。

「這……這是小象的字跡……」艾萊夫人顫抖着嘴唇説，「怎會這樣的？是誰？為甚麼綁架他？」

「紙上寫着『**準備錢**』，會不會……是**擄人勒索**？」胖女傭語帶驚恐地猜測。

「可是，小象不是爬出窗外走到外面玩嗎？」夏洛克説，「窗框上的鞋印就是證明啊。」

「不！紙上的留言**推翻**了剛才的推理！其實，小象不是自己偷走，而是被人擄走的！」猩仔大聲斷言。

「啊……」矮個子園丁發出了恐懼的叫聲。

「但我不太明白……」夏洛克略帶猶豫地提出質疑，「如果是擄人勒索，綁匪為何不留下**勒索信**，而讓小象寫下**留言**呢？」

「對，為甚麼？」管家也問。

「這個嘛……」猩仔想了想，突然眼前一亮，「我明白了！綁匪是**一時興起**犯案，所以沒有提前寫好**勒索信**，但臨時寫的話又怕留下筆跡，就只好叫小象寫下**留言**了！」

「說得對，很有道理呢！」胖女傭用力點頭。

「當然有道理！」猩仔得意地說。然而，他剛說完，忽然又盯着艾萊夫人。

「又怎麼了？」夏洛克問。

「哇哈哈，又有發現了！看！小象被擄的證據不僅是紙上的留言，而且還有——」猩仔大手一揮，指着艾萊夫人說，「伯母手上的**那一隻皮鞋**！」

「我手上的……？」艾萊夫人看了看鞋子，訝異地問，「甚麼意思？」

「伯母，你剛才不是說過嗎？」猩仔眼底寒光一閃，「小象最喜歡就是這雙皮鞋了，如果這是真的，他為何留下**左腳的鞋子**，只穿着右腳的鞋子走了呢？」

眾人面面相覷，看來完全沒想過這個問題。

「不明白嗎？想像一下以下的情景就馬上明白了。」猩仔**滔滔不絕**地推論，「小象被擄走時，剛好正想上床小睡片刻，於是他脫掉了**一隻鞋子**，當要脫掉**另一隻鞋子**時，綁匪闖進來，威脅他在紙上寫下那句**留言**，再強逼他爬出窗外，並在**窗框**上留下了鞋印。所以，他留下的這一隻皮鞋，已可證明他是被擄走的！」

「好屬害，竟從一隻鞋子就能把犯

罪過程推論出來。」夏洛克心中暗讚，他沒想到猩仔突顯神威，竟然推理得這麼**頭頭是道**。不過，他總覺得當中有些不穩當的地方，但又想不到是甚麼。

猩仔說完，走到書桌旁看了看那本攤開了的**習作本**。

「唔？是數學習作呢。」猩仔瞪大眼睛說，「嘩，好多道數學題，全部都好難解答啊！難怪小象**只做了一半**就做不下去了。」

「不會吧？」艾萊夫人走過去檢查了一下習作本，「昨晚我叫他**一定要完成才能睡**的啊。怎麼做了一半就停呢？」

「甚麼？你叫他必須做好才能睡嗎？」猩仔眼前一亮，「呀！我知道小象被擄的**時間**了！」

「你怎知道的？是甚麼時間？」管家緊張地問。

「你沒看到嗎？它就是時間呀。」猩仔指着**習作本**說，「伯母說小象要做完數學題才能睡，但本子上只完成了一半，不是正好說明，他是昨晚**睡覺之前被擄走**的嗎？」

「啊！了不起！」胖女傭驚呼，「只是從一本習作就能作出這麼精彩的推理！」

夏洛克看了看那張小床，**被褥**和**枕頭**都擺得整整齊齊的沒動過。這麼看來，小象確實在睡覺之前已被擄走了。

「小意思、小意思。」猩仔咧嘴一笑後轉過頭去，假裝不經意地看到桌上的木盒，「好漂亮的盒子呢。」

「啊，那是買來獎勵小象的**巧克力**。」艾萊夫人說，「是我特意從瑞士訂來的。」

「是嗎？」他裝模作樣地笑了一下。但夏洛克知道，其實他早已注意到那是一盒**瑞士巧克力**了。

「讓我打開來看看，或許有甚麼線索呢。」猩仔故意**小心翼翼**地打開盒子。這時，夏洛克瞥見，盒中分成

10格，當中9格都放滿了不同形狀的巧克力，但右下角那1格卻只有**1顆心形巧克力**。

「這些巧克力沒甚麼特別呢。」猩仔說着，卻老實不客氣地拿起那顆心形巧克力塞進口中，「接着還要開動我的腦筋調查此案呢，聽說巧克力有助思考。」

「是嗎？」管家問，「那麼，下一步怎辦？是否去**報警**？」

「**不！**」艾萊夫人連忙阻止，「小象的留言不是說了嗎？不能報警啊！」

「對，不能報警。」猩仔舔了一下嘴唇，又抓起一顆巧克力塞進口中，「報警的話，小象可能有危險。」

「那麼，你有甚麼打算？」夏洛克問。

「你吃不吃？真的很好吃啊。」猩仔又撿起一顆，**答非所問**地說。

「哎呀，我問你有甚麼**打算**呀。」夏洛克沒好氣地說。

「啊，這個嗎？不如到外面看看吧，或許綁匪留下了甚麼線索。」說完，他把那顆巧克力丟進口中，又「嗖」的一下，迅速抓了一把巧克力塞進口袋中。

眾人離開書房，走到書房前的院子內。猩仔從窗口下面開始，低着頭一步一步地一邊移動一邊檢視着**草地**，夏洛克等人跟在他後面，也**小心翼翼**地看着草地。

「**呀！有血！**」突然，猩仔指着草地大叫起來。

「甚麼?」眾人大驚,馬上走過去看。

果然,在距離窗口十來呎的草地上,可看到一滴滴的血跡**彎彎曲曲**地往花圃伸延開去。

「血……血……是小象的血……」艾萊夫人已被嚇得**面如死灰**。

夏洛克沒想到事態如此嚴重,連忙循着血跡追蹤而去。當他追到花圃前時,發現同一個位置上有十多滴血後,**血的軌跡**就中斷了。

「小象……小象他……不會遭遇不測吧?」胖女傭**心慌意亂**地問。

矮個子園丁也彷彿被嚇壞了似的,只懂得呆呆地盯着那些血跡,不知如何是好。

「不必擔心!」突然,猩仔信心十足地說,「這些血證明小象只是被綁匪**扛在肩上**擄走了,並沒有生命危險!」

「啊!真的嗎?」已嚇呆了的艾萊夫人,**六神無主**地問。

「當然是真的!小象只是被嚇得**流鼻血**罷了。當他被扛在肩上時,血就一滴一滴流下來了。況且,如果他已死了,綁匪還把他擄走幹嗎?人質死了的話,就無法勒索贖金呀。」

「**有道理!**小象確實有流鼻血的毛病。」管家說。

「那……那麼接下來怎辦?」艾萊夫人問。

「繼續搜,看看還有甚麼線索。」猩仔說。

「好吧。」夏洛克點點頭,就走進了花圃繼續搜索。

不一刻,突然響起了「**哇呀**」一下大叫,只見胖女傭指着一盆玫瑰花,全身哆嗦着說:「鞋……鞋子……」

夏洛克馬上衝前去看，原來有**一隻皮鞋**掉在那盆玫瑰花的旁邊，款式與書房那隻是**一模一樣**的。

「是小象的鞋子！」猩仔走過去把皮鞋撿起來看了又看，「**右腳**的，錯不了。」

「為甚麼……這隻鞋子會在這裏呢？」艾萊夫人**憂心忡忡**地問。

「唔……」猩仔想了想，指着鞋子說，「它的鞋帶也鬆開了，正好證明我剛才的推理，小象正想睡覺時脫掉一隻鞋子，還未來得及脫另一隻，就被綁匪劫持了。不過，當綁匪強行把他抬走時，他拚命掙扎，就意外地把鞋子**甩掉**，掉在這裏了。」

說到這裏，猩仔突然眼前一亮，在那盆盆栽旁蹲了下來，小心翼翼地伸出手指，從其中一枝玫瑰花的花梗上撿下一根**棉絮**。夏洛克注意到，那根棉絮是**白色**的。

猩仔站起來，向艾萊夫人說：「從花梗的高度看來，棉絮應是從**褲子**上鈎下來的。伯母，小象昨晚穿的褲子是甚麼質料和顏色？」

「黃色，質料是燈心絨。」

「**黃色的燈心絨**嗎？那麼，這根棉絮就不是小象的了。」猩仔說。

「你的意思是，綁匪穿的褲子是白色的？」夏洛克問。

「問對了一半。」猩仔說着，向小伙伴別有意味地遞了個**眼色**，並悄悄地往下看了看。

夏洛克意會，也循猩仔的視線看去。

「啊……」夏洛克心中不禁暗叫，他看到猩仔手上竟拿着一枝不知在何時折下來的**帶刺的花梗**！

猩仔把艾萊夫人拉到一旁，湊到她的耳邊輕輕地吐出一句：「伯母，這個案子很快就破了。」

　　「甚麼？」艾萊夫人詫然。

　　「我已知道綁匪是誰了。」

　　夏洛克聽到猩仔那輕得幾乎聽不到的**斷言**。

下回預告：為何猩仔能作此斷言？他折下的花梗有何用處？他指的綁匪又是誰？猩仔是否真的脫胎換骨，能揪出綁匪，救出好友？

37

大偵探福爾摩斯多次智破吸血鬼奇案！

65 吸血鬼之謎III

新書推出！

全球銷量衝破1600萬冊！

三個龍湖酒吧常客談起五年前的命案，提及案中疑犯之子小拉奇近來從湖中發現一具白骨，更揚言見到吸血鬼出沒。大偵探混於其中，察覺三人各懷鬼胎，似與當年命案有所關連！另一方面，那酷似「吸血鬼」的不速之客竟於當夜敲響了小拉奇家的大門⋯⋯到底真相為何？

隨書附送初回限量版賀年貼紙！

13 吸血鬼之謎

古墓發生離奇命案，女嬰頸上傷口引發吸血鬼復活恐慌，真相究竟是⋯⋯？

36 吸血鬼之謎II

德古拉家族墓地再現吸血鬼傳聞，福爾摩斯等人重訪故地，查探當中內情！

全城熱賣！

購買圖書
www.rightman.net

氣象　　物理

成語
科學
對對碰

咦？海的那邊竟有另一座城市，好想去玩啊！

呃，那「城市」其實是──

海市蜃樓

那蜃蜊是甚麼？

釋義：
「蜃」指大型的蛤蜊，亦是中國神話中一種海怪的名稱。它形似牡蠣或蛤蜊，吐出的氣息能在海上形成虛幻的城市和樓台景象，亦即「海市」和「蜃樓」。事實上，那是一種光的折射現象。
這成語原指這種奇妙的景象，後常用於比喻虛幻的事物。

吐泡的蜃蛤

蛤蜊是雙殼綱貝類生物的統稱，殼內生存着軟體動物。牠們通常居住在淡水或淺海區域的泥沙中，用進水管吸水和用出水管排水，以作呼吸和過濾水中藻類或有機碎屑為食。

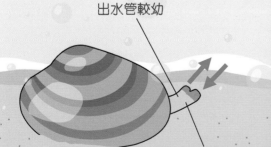

出水管較幼

進水管較粗

▲只有在水中感受不到危險時，蛤蜊才會伸出水管。

◀蛤蜊呼吸時產生氣泡。

39

讓我吃掉你這騙人的「罪魁禍首」！

那只是神話，造成海市蜃樓的真正原因是光的折射啊！

光的折射

光線本身沿直線照射，但在穿過不同物體時，其方向會改變，此現象為折射。

◀ 光穿過塑膠磚而發生折射。

Credit: Photo by ajizai

Credit: Photo by Ulflund/ CC0 1.0

▲筆的部分插入水中看起來彎折了就是因光的折射所致。

▶光線從 X 點傳入眼睛，在水面發生折射，令大腦誤認為光從 Y 點發出。由於筆在水中的所有部分都發生了折射，所以看起來像整段折斷了。

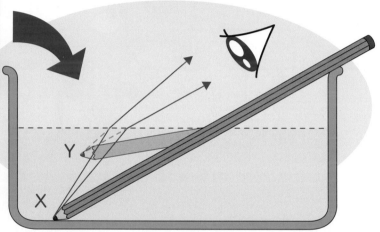

全內反射

海市蜃樓的產生不僅由於光的折射，還歸因於折射的特例──全內反射。

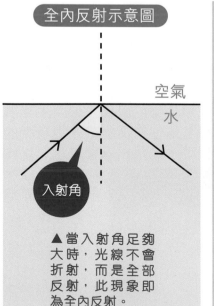

全內反射示意圖

空氣

水

入射角

▲當入射角足夠大時，光線不會折射，而是全部反射，此現象即為全內反射。

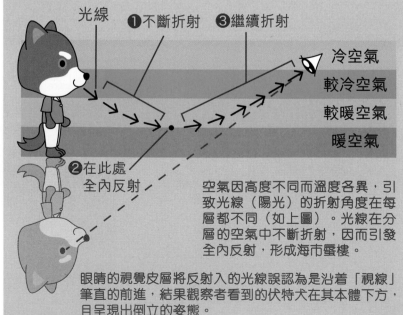

光線　❶不斷折射　❸繼續折射

冷空氣
較冷空氣
較暖空氣
暖空氣

❷在此處全內反射

空氣因高度不同而溫度各異，引致光線（陽光）的折射角度在每層都不同（如上圖）。光線在分層的空氣中不斷折射，因而引發全內反射，形成海市蜃樓。

眼睛的視覺皮層將反射入的光線誤認為是沿着「視線」筆直的前進，結果觀察者看到的伏特犬在其本體下方，且呈現出倒立的姿態。

下蜃景與上蜃景

若人們看見的影像在實物下方即是下蜃景。此景象出現於暖空氣在下方、冷空氣在上方的時候（即左頁下方圖）。例如沙漠的地表溫度比其上空的高，令遠方山脈極易於其表面形成如湖泊一樣的蜃景。

Credit: Photo by Brocken Inaglory

暖空氣

冷空氣

至於影像在實物上方則是上蜃景。當海面的空氣比上層微冷，海洋對岸樓房發出的光線便會被偏折朝下。這時觀看者的大腦誤以為景象是從直線方向傳來的，於是看到「海市」出現在海面上方。

空氣只要有溫度差異就會出現蜃景嗎？

那差異要足夠大才行啊！

蜃景產生的溫度條件

通常狀態下，大氣層垂直距離每升高 100m，溫度便降低 1℃。科學家馬塞爾·明納爾特（M. Minnaert）研究發現，若要產生蜃景，每 1 米就應有 2℃的溫差，而達到每米 4~5℃的差異，蜃景才會明顯。

Credit: Photo by Brocken Inaglory/ CC BY-SA 3.0

▲夏天的路面被陽光曬到比上方空氣熱得多，就形成藍天的下蜃景——假水。

有蜃景就有實景，出發去看看吧！

KC 天文教室

梁淦章工程師
香港天文學會
太空歷奇

天文

雙子座流星雨—
台灣星野行

Photo credit: APO

▲在高過雲層的山上觀星，其好處是星星不會被雲遮蓋，雲只會聚在視平線以下，形成雲海（上圖下方）。視平線所見是比獵戶座星雲大四倍的船底座大星雲（Eta Carinae），為南半球著名的明亮天體。

　　觀星需要漆黑的環境，特別是要用肉眼觀測的天文現象。而觀看流星雨更要在沒有城市光污染的暗黑環境進行，因此很多香港天文愛好者常遠赴台灣的高山觀星。今期報道香港天文愛好者在去年 12 月中雙子座流星雨期間，專程到台灣清境的高山上觀測流星雨的豐碩成果。

台灣的觀星山莊— 觀星文化、環境和濃厚氣氛

台北
桃園
台中
花蓮
台灣
台南市
高雄
台東

台灣由北到南的中央山脈，其海拔在 2 千米以上。當中有多個民營的觀星山莊，內設觀星儀器和觀星輔導，觀星環境甚佳，是香港天文愛好者常到的境外觀星地點。

Photo credit: Tang YC

◀ 山莊海拔 2106 米，為該地區最高，一望無際。
▶ 利用攝影儀器或手機，留下美麗的星雲星團或星座的倩影。

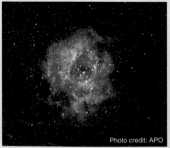

Photo credit: APO

▲ 200mm 鏡頭下的玫瑰星雲，利用攝影疊加技術，由 99 張 30 秒的照片合在一起而成。
這星雲的視直徑（1.3°）比月球（0.5°）還大，但雲氣本身很暗，須用小型望遠鏡才可看到。

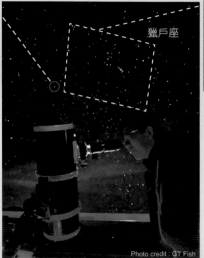

▼ 難得漆黑的野外沒有光污染，可用肉眼觀看星座，並用望遠鏡觀賞美麗多姿的星雲星團。

獵戶座

Photo credit : GT Fish

馬頭星雲
獵戶座大星雲
巴納德環

Photo credit: APO

▲ 70mm 鏡頭下的獵戶座，由 113 張每張曝光 30 秒的照片疊加而成，總曝光時間近 1 小時，清楚顯示肉眼難見的天體。
• 暗淡的巴納德環，是以獵戶座大星雲為中心的超巨大弧形雲氣。
• 馬頭星雲是獵戶腰帶參宿一旁的暗黑星雲，背景明亮的星雲剪影出像「馬頭」的暗黑輪廓。

2023 雙子座流星雨

出現於 12 月 13 至 16 日，高峰期在 12 月 15 日凌晨三時。適逢新月，入黑後不久月亮便落下地平線，有利觀星。綜合觀測發現每小時天頂流星數未達預期的 150 顆，但仍十分可觀。

＊請參閱第 222 期「天文教室」有關流星雨及輻射點的介紹。

試試看——找出輻射點

參考示意圖，看看能否在合成的流星雨照片中找出輻射點的位置？哪些流星不是來自雙子座？

提示：沿每顆流星的直線方向延長，找出交匯點。

Photo credit: Helen Ching

▲利用手機也可拍到流星照片

▼ 2023-12-11，20mm 鏡頭下的背景照。

▼ 2023-12-15，00:00-00:45 期間，用 20mm 鏡頭拍攝且疊加 22 張每張曝光 30 秒的合成流星雨照片。

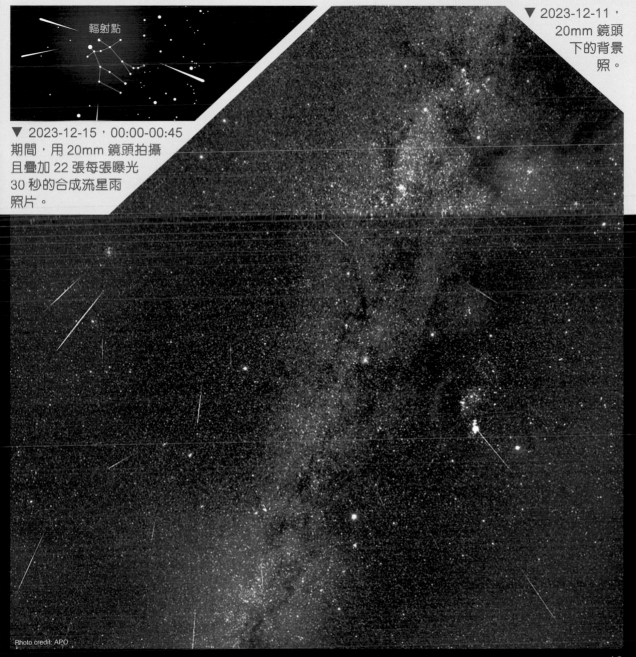

輻射點

Photo credit: APO

人體趣談　人體

我們為甚麼會覺得冷?

專欄審校:
香港科技大學生命科學部教授　周敬流博士

人體怎樣散熱?

無論任何時候,人體的熱能都會經皮膚流失。

皮膚表面若有水分,便會逐漸蒸發,過程中會吸收熱能。所以如果身上的衣服濕了,人便會覺得冷。

當人體散失熱能時,我們便會感到寒冷。

皮膚表面的總面積約有2平方米,大約是1至2個浴缸大小!

熱能主要由肝臟、腦部、心臟等器官產生,另外肌肉收縮時也會產生一些熱能。

血液把熱能從身體內部帶到皮膚表面,令身體內部的熱能散失。

怎樣控制熱能散失的速度？

人是恆溫動物，其身體可控制熱能散失的速度。而控制方法主要有 2 個：

❶排汗

人體可排汗降溫，利用汗水的蒸發作用帶走身體的熱能。

不過，若長期處於炎熱環境或是進行劇烈運動，身體就須一直排汗散熱。如果不補充水分，排汗便會逐漸減少，令散熱減慢，無法阻止體溫上升。

如果身處炎熱及濕度高的地方，就算排汗正常，汗水也不易蒸發，身體較難散熱。

這兩種情況也會減低排汗散熱的效率，甚至可引起熱衰竭或中暑。

❷血管舒張及收縮

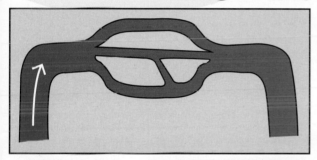

▲當身體感到熱時，血管便會擴張，令血液更快把身體深處的熱能帶到皮膚表面，這樣就能較快降溫。

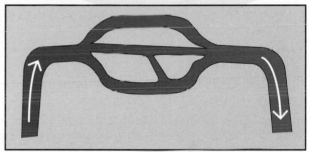

▲相反，當身體感到寒冷時，血管便會收縮，令較少血液把熱能帶到皮膚表面，從而減慢熱能散失的速度。

愈不動就愈冷呀，快點跟我們走！

寒冷天氣為甚麼會誘發心血管疾病？

身體覺得冷時，血管會收縮變窄，因此心臟要用更多力量，才能將血液泵至全身。於是心臟的負荷比平時大，血壓也比平時高，這樣就會較平時更易令血管破裂或堵塞，導致心臟病發或中風。所以，若家中有人患有心血管疾病，應提醒他們在寒冷天氣下注意保暖，並多加關心其狀況。

為甚麼人體不太保暖？

人體除了頭頂、腋下等部位有大量毛髮，其他位置的體毛都很稀疏，無法困住空氣來阻隔熱能向外散失。雖然肌肉顫抖也可產生熱能（這亦是人會冷得發抖的原因），但這方法並不是很有效。

起雞皮疙瘩的功用

人體覺得冷時，連帶體毛的立毛肌會收縮，令體毛豎立起來，導致「起雞皮」的現象。人類的祖先有濃密體毛，豎起時能困住空氣來保暖。只是人類經長時間演化後，大部分體毛已消失，「起雞皮」也變得毫無作用。

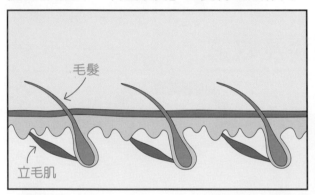

毛髮

立毛肌

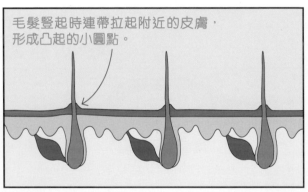

毛髮豎起時連帶拉起附近的皮膚，形成凸起的小圓點。

雖然人體不太保暖，但人類懂得利用衣服來取代毛髮的保暖功能，因此能適應各種氣候不同的地方。

水中「暴龍」大發現！

古生物
挖掘場

古生物

受影視作品影響，侏羅紀成為最有名的地質年代。而說到當時陸上最兇猛的恐龍，大家也許會想到電影中出現的暴龍（但其實牠是白堊紀時期的動物）。那麼，稱霸侏羅紀海洋世界的又是哪種動物呢？答案就是它！

相片來源：BBC

2023 年 12 月，在英國南部的**多塞特郡**附近，便發現了這種古生物的巨型頭骨化石呢！

牠叫甚麼名字？

化石發源地

多塞特郡的侏羅紀海岸以其白色石灰岩懸崖而聞名於世，是世界文化遺產之一。那些石灰岩質地鬆軟，加上受風雨侵蝕，令化石較易露出岩層而從懸崖掉下。

▶岩石及其埋藏的化石偶爾會傾瀉到沙灘上，構成危險，但也令這裏很易找到化石。

非龍之龍 —— 上龍

上龍是蛇頸龍下的其中一個類別，在水中生活。牠們雖叫「龍」，而且十分巨大，但從生物學來說卻非恐龍。克柔龍、巨板龍等都屬於上龍，牠們的生活年代橫跨三疊紀晚期、侏羅紀及白堊紀晚期。

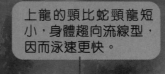

上龍的頭比蛇頸龍短小，身體趨向流線型，因而泳速更快。

不同品種的體長各異，介乎 4 米至 10 米，跟人類相比都巨大得多！

今次在多塞特郡發現的上龍頭骨化石，非常完整，長度足足有 2 米！其身軀估計有 10 至 14 米，毫無疑問是遠古海洋中的頂端獵食者。牠們會吃魚或其他海中的爬蟲動物。

多次出產巨型化石

早在 19 世紀初，英國的化石收集家瑪麗·安寧 * 就在侏羅紀海岸發掘出魚龍、蛇頸龍等巨型古生物的完整化石。今次巨型頭骨化石的發現，意味着其身軀的化石亦可能在頭骨附近，等待人們發現。

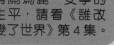

有關瑪麗·安寧的生平，請看《誰改變了世界》第 4 集。

▶ 在發掘到的化石中，通常大部分是小型化石，或是大型動物的其中一細小部分，能找到整具骸骨的化石是絕無僅有的。例如在侏羅紀海岸最常見的化石之一就是菊石。

危險的化石挖掘

今次的上龍頭骨化石是在一個懸崖中間找到的，負責挖掘的人員須繫上安全繩，然後從崖頂游繩而下，才能到達發掘地點。他們更須一邊懸在半空，一邊仔細挖掘呢！

根據鼻尖部分的掉落位置，加上使用無人機勘察，才能成功鎖定發掘地點。

因岩層被侵蝕剝落，令化石的鼻尖部分掉落到下方的海灘，被途經的化石愛好者見到，才促成今次的大發現。

有機會找到其身軀嗎？

主動尋找埋藏在地底，且完全未露出任何部分的化石，是十分困難的。如果身軀部分仍埋在地底，這或許需要待岩石受進一步侵蝕，才較有機會被發現。

現代

第四紀

新近紀

古近紀

白堊紀

侏羅紀

三疊紀

二疊紀

石炭紀

泥盆紀

志留紀

奧陶紀

寒武紀

埃迪卡拉紀

6億3千萬年前

開心禮物屋 送禮迎龍年

快來挑選你的新春大禮包吧！

Pavilion Monkey flip 猴子翻越 **A**

1名

幫助小猴子彈射上樹！

LEGO NINJAGO 旋風忍者 **B**

1名

化身忍者對抗邪惡！

星光樂園 豪華收納箱 **C**

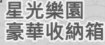

1名

含活頁簿和遊戲卡袋等多重禮品！

大偵探 350 毫升 不銹鋼水樽 連飲管及掛繩 **D**

1名

福爾摩斯陪伴你多多飲水！

大偵探福爾摩斯 實戰推理 ① & ② **E**

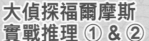

1名

看少年福爾摩斯和猩仔在桑代克帶領下如何破解謎題！

少女神探愛麗絲 與企鵝 ⑫ & ⑬ **F**

1名

愛麗絲和企鵝偵探師傅的華麗破案故事！

TRYWORKS 水豚君 公仔扭蛋 ×5 **G**

1名

五款毛絨公仔齊送給你！

TAKARA TOMY 霸王龍 **H**

1名

侏羅紀時代的霸主恐龍！

TAKARA TOMY 星球大戰 合金車 ×2 **I**

1名

和朋友比併誰的速度更快！

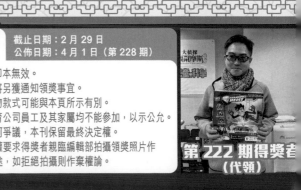

大偵探福爾摩斯
李大猩的跑步鍛煉

數學

唭，是他？

不是説我成功破案就請我吃大餐嗎？怎麼來到山上？

山上那餐廳的菜色全是即獵即煮，非常好吃呢！

別誇大啊。另外你只是協助破案，

* 欲知毒咒事情，請看《大偵探福爾摩斯 數學偵緝系列》第5集內的「巫婆的毒咒」。

終於決心跑步減肥了？

當然，我不能讓那巫婆毒咒應驗！

那你跑了多久？

一整個早上！

這麼久！真的嗎？

嘿，該是跑得像龜一樣慢呢。

別亂説！我跑得很快的！

51

很快？即是有多快呀？

像獵豹一樣快！

那即是有多快？

自古以來，不論人們狩獵、運輸、比賽等，都離不開描述速率。但那需要客觀的標準才能作出比較，否則會出現混亂。例如……

這裏的車速不可比馬更快，你超速了，要罰款！

怎樣算是「比馬更快」？

這火車像子彈一般快呢！

那即是有多快啊？

於是，人們便利用「每秒」或「每小時」所行走的距離，來客觀地表達速率。

速率如何計算？

速率的計算方法便如下：

速率（公里每小時）
= 行走距離（公里）÷ 所需時間（小時）

所以只要以「每小時跑多少公里」來表達李大猩的平均跑速就行了。

人們有時也以「每秒移動多少米」描述速率，這通常用於時間及移動距離都較短的情況。

我有記下起跑、到達山頂和回到起點的時間。

到達山頂的時間：
早上 8 時 50 分

山頂

起跑時間：
早上 8 時

起點

回到起點的時間：
早上 11 時 30 分

只要知道起點和山頂之間的距離，加上跑了多少時間，就知道你的平均跑速了！

山頂

起點

等等，我是沿着山路繞着跑的！誰會直上直落地跑山啊？

山頂

起點

看來你還沒跑到頭昏腦脹呢！這條山路長 8 公里……

我知道了，用 8 公里計算李大猩先生跑得有多快就行了！

在量度移動速率時，須考慮該人或物實際上走過的路線，而那不一定是起點和終點的直線距離。

另外，由於移動速率會變動，例如上山時較慢，下山則會較快，因此可分開來計算。

李大猩上山的速率

上山所用的時間 = 50 分鐘 = $\frac{5}{6}$ 小時

上山的距離 = 8 公里

上山的速率是：

$8 \div \frac{5}{6} = 8 \times \frac{6}{5} = \frac{48}{5} = 9\frac{3}{5}$ 公里每小時 = 9.6 公里每小時

跟一般人的跑速差不多呢。

下山所用的時間 = 2 小時 40 分鐘 = $2\frac{2}{3}$ 小時

下山的距離 = 上山的距離 = 8 公里

下山的速率是：

$8 \div 2\frac{2}{3} = 8 \div \frac{8}{3} = 8 \times \frac{3}{8} = \frac{24}{8} = 3$ 公里每小時

怎麼慢了這麼多？

成年人的平均走路速度也約有 4 公里每小時，難道你下山時在散步？

噢，那是因為……

我到了山頂時，看到一個老婆婆準備下山，說要到山腰的餐廳。

我看她走得辛苦，便揹她下山。

53

嘩！那豈不是揹着老婆婆走了快1小時？

助人為快樂之本嘛！

我們到餐廳時已是9時40分，所以就慢了。

我記得那餐廳剛好在山路中段，亦即距離山頂及起點各是4公里。

李大猩從餐廳回到起點所用的時間 = 1 小時 50 分鐘 = $1\frac{5}{6}$ 小時

從餐廳開始下山的速率是：

$$4 \div 1\frac{5}{6} = 4 \div \frac{11}{6} = 4 \times \frac{6}{11} = \frac{24}{11} = 2\frac{2}{11} \text{ 公里每小時}$$

只有約2公里每小時？連烏龜*都比你快啊！

* 各品種的水龜在陸上跑動的速率平均為 4 至 6 公里每小時，而陸龜則只有平均不足 1 公里每小時。

哪……哪有這麼慢？其實我留在餐廳休息到 11 點多才繼續跑啊！

李大猩真正的跑步行程

8:00 a.m. 從起點出發	→	8:50 a.m. 到達山頂並遇到老婦	→	9:40 a.m. 揹着老婦到達餐廳

11:10 a.m. 從餐廳出發	→	11:30 a.m. 跑回起點

李大猩從餐廳跑回起點的速率是多少？答案在 P.55！

你在9時40分到餐廳、11時10分才總續跑？

剛揹完一個人，總要休息一下嘛。

而且難得到那餐廳，當然要嚐嚐最出名的鹿肉大餐！

這樣的話，身體的熱量豈非不減反增？

哇哈哈！

那別想減肥了，反正沒用！

你們好，請問山腰那餐廳要怎樣走呢？

從這沿山路往上走4公里就到了。

哎呀，還要走那麼遠嗎？

別怕，他可以揹你。

真的？

加油！加油！

減肥！減肥！

答案

離開餐廳的時間 = 上午 11 時 10 分

回到起點的時間 = 下午 11 時 30 分

從餐廳到起點的距離 = 4 公里

由餐廳到起點用了的時間

=20 分鐘 = $\frac{1}{3}$ 小時

此路程的速率：

$4 \div \frac{1}{3}$

$= 4 \times 3 = 12$ 公里每小時

香港科學館＋香港歷史博物館展覽
中國載人航天工程展

展覽分成 2 個展區，當中香港歷史博物館的展區展出了過去 30 年間中國載人航天的發展歷史，而工程及科學相關的部分則在香港科學館展出。展覽將於本月中旬結束，若想了解中國載人航天知識，千萬不要錯過！

▲長征二號 F 運載火箭模型及神舟十三號載人飛船返回艙

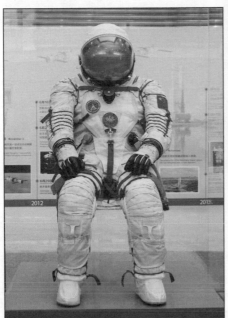

▲艙內航天服

展期：即日至 2 月 18 日
地點：香港科學館二樓展覽廳、
　　　香港歷史博物館一樓大堂
票價：免費入場

詳情請參閱香港科學館網站
https://hk.science.museum/tc/web/scm/exhibition/cmse.html

香港科學館特備展覽
科幻旅航

如果你喜歡科幻故事，這個以科幻作品作為主題的展覽或許十分適合你！參觀者可置身於「穿梭機與貨艙」、「探索艙」、「生物研究室」等展區，一邊感受科幻氣氛，一邊探討太空探索、機械人等熱門科學主題。

展期：
即日至 5 月 29 日
地點：
香港科學館
特備展覽廳

詳情請參閱香港科學館網站
https://hk.science.museum/tc/web/scm/exhibition/scifi2023.html

香港太空館親子活動
動物世界探秘

太空館目前正上映球幕電影《動物王國》，現實中，大家亦有機會參加該館活動「動物世界探秘」，參觀位於大帽山的嘉道理農場暨植物園！

活動日期：
2024 年 3 月 23 日（星期六）/
2024 年 3 月 29 日（星期五）
（兩節活動內容相同）
時間：1:30 pm - 5:30 pm
報名日期：
2024 年 2 月 2 日至 15 日
接受網上報名

詳情請參閱香港太空館網站
https://hk.space.museum/tc/web/spm/activities/family-programmes.html

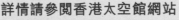

香港中文大學
生物及化學系客席教授
曹宏威博士

Q1 為甚麼水在海裏是藍色，在杯裏卻是透明的？

郭康圻

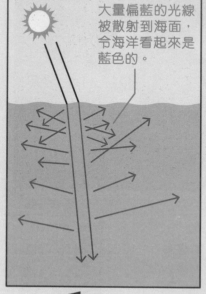

大量偏藍的光線被散射到海面，令海洋看起來是藍色的。

射向海洋的光線，最先在海面被折射的不少。當光線進入海水這介質後，其本身的能量又被海水分子吸收和散射。不同顏色的光線由於其波長不同，被吸收的程度也各異。

太陽光的光線有七色，它們各自在海水中所走的路徑不同：紅光波長偏長，較易向海底穿透直射；藍光則波長較短，較多向各個方向（包括向海面）散射。只要海裏沒有泥沙等雜物干擾，我們便會看到一片蔚藍的茫茫大海。這片藍色有時碎化分成深淺的散片，因為有些陽光被浮雲遮罩了。

至於杯內的水嘛，同樣也會吸收光能和讓光線散射。不過，世界上沒有杯子像海洋那般大，又不如海洋那麼深，偏藍光線被吸收或反射的效果近乎零，所以看起來是透明的。

Q2 為甚麼有時候可以在白天看見月亮？

吳宇喬

月亮其實每天都有約十二個小時高掛在白天，跟晝夜沒有關係，只要月球表面某一部位反射太陽光到觀察的位置，我們就看得到它。不過，日間光天化日之下，大家不經意它「躲」在偌大天庭的哪個角落而已。到晚上周遭漆黑一片，月球自然就「吸」眼球多了！

為了讓大家更清楚月球在白天仍在「站崗」，我們可以用太陽、地球、月亮在天空於一日內的運行軌跡粗略地作個說明。

先把太陽和觀察點所在的地球分別放在兩端，月球則在地球附近某一點幾乎不動（因為是考慮一日內的變化！）。這樣月球就如右方的簡化圖顯示一樣，會反射陽光至地球。當中有些會反射到地球上向着太陽的地方，亦即白天的地區，於是就能在白天看見月亮。

由於地球地轉，所以月亮跟太陽一樣，會在東面升起，在西方落下。只是月出和月落的時間跟日出及日落通常都不同而已。

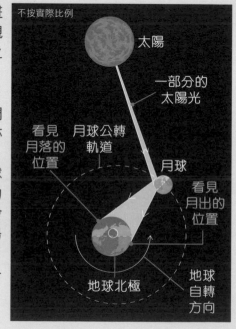

不按實際比例

太陽

一部分的太陽光

看見月落的位置

月球公轉軌道

月球

看見月出的位置

地球北極

地球自轉方向

哼！別嚇唬我！

所謂石油枯竭，根本是謊言！

甚麼？

我才不信你！小Q你說是吧？

其實……

他說的也非全錯。

不是吧？

目前人類只能探測現有油田去估計可用多久，並不知地球埋藏的石油總量。

當新油田被發現，石油存量便提升。最近估算石油可用約50年，跟30年前沒變呢。

但這不代表你可隨便偷啊！

而且現代人很倚賴石油製品，沒了必令世界大亂！

石油存量始終有限，沒人知道還能用多久。

對，這幾天我們過得很慘！

地球還有其他能源，少了石油也沒關係啦！

強詞奪理！

探測到異常點，就在你們腳下。

知道了，走吧！

沒那麼容易！

怎麼了？

好像沒電了！

哎呀，忘了儲備多點煤碳和天然氣！

煤、天然氣與石油都屬於化石燃料。煤的形成與石油差不多，其分別在於煤主要來自植物殘骸。

煤是其中一種重要的發電燃料，雖然目前存量比石油和天然氣多，但始終有限，而且燃燒時產生的空氣污染更嚴重。

天然氣則是遠古生物殘骸等有機物，於地下積壓而產生，那些是主要由甲烷形成的氣體。它造成的污染較少，是乾淨能源之一。只是，天然氣同樣屬於不可再生能源，會有用盡的一天。

此外數個最大的天然氣供應國如伊朗、俄羅斯、卡塔爾等，其國際關係較緊張，令價格容易波動。

別說那麼多了，快跑！

嗖

你以為那麼容易嗎？

咦？

消失了！

怎會這樣？

你們沒事吧？

小Q！

大剛你沒事吧？

還以為死定了……

那東西不動了。

當然啦，看看那邊！

風力發電就是透過風吹動葉片，推動發電機發電。

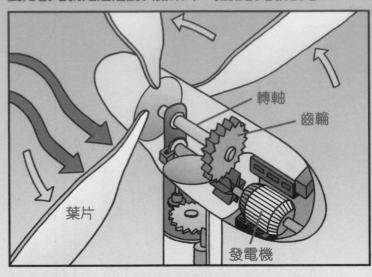

轉軸
齒輪
葉片
發電機

現在沒風，它們就不夠電了！

由於有空氣的地方就會有風，因此風力是能永久使用的可再生能源。

不過，風並非人類可控制的現象，所以除了少數長期刮大風的地方，其餘都難以利用風作為主要能源供應。

一般來說，風力發電廠會設有儲存裝置，或與水力發電等並用以彌補不足。

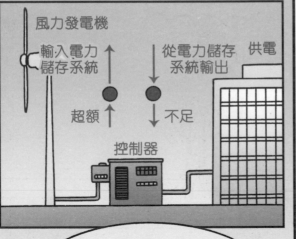

風力發電機
輸入電力儲存系統
從電力儲存系統輸出
供電
超額
不足
控制器

在用電較多的夏天，若風力不穩定就無法提供足夠電力。

天氣預報機分析之後兩小時都不會刮風。

太好了！

可惡，自然現象就是不可靠！

別以為這就完了！

嗖……

從這扇門下去就到達核心區。

Mr.A竟研究了那麼多能源。

但全都很弱呢!

嗖

風力等能源在用途及穩定性都不及石油,石油至今仍是世界最重要的燃料。

所以他才打石油的主意!

到了!

前方出現巨大能量反應!

大家快到我身後!

咻!

轟隆!

你們沒事吧？

發⋯⋯發生甚麼事？

保護罩啟動！

糟了，是核能！

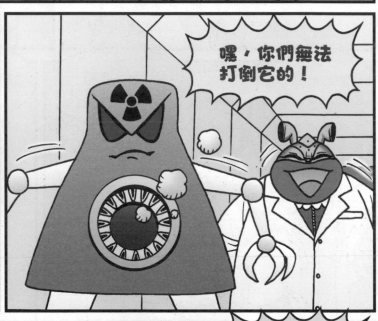

嘿，你們無法打倒它的！

核能是靠「核裂變」，亦即核子分裂的反應來產生能量。

核能不但成本低、效率高，且污染少，現在已是極常見的能源供應。

核能原料鈾雖不是可再生能源，但其藏量豐富，又可循環使用，用上千年也沒問題。

我就不信打不過它！

等等！

核能的能量雖極大，但含危險的輻射，絕不能胡亂破壞！

對！別嘗試攻擊它啊。

我就是不想製造那些昂貴的安全措施才不偷核能，希望別出事。

嗚嗚

甚麼？

噫呀！

它好像要爆炸了！

怎麼辦啊？

防護膜要趕得及呀！

轟！

~完~

兒童的科學 訂戶換領店選擇

書報店

	九龍區	店舖代號
新城	匯景廣場 401C 四樓（面對百佳)	B002KL

 OK便利店

香港區

店舖	代號
西環德輔道西 333 及 335 號地下連閣樓	284
西環般咸道 13-15 號全寶大廈地下 A 號舖	544
干諾道西 82-87 號及修打蘭街 21-27 號海景大廈地下 D 及 H 號舖	413
中望盤德輔道西 232 號地下	433
上環德輔道中 11,12 及 13 號舖	246
上環[?]麟街 10 至 16 號聯發大廈地下 1 號舖及入井	188
香港西環屈地街 7 及 7A 甲醇乍街 136、136A、138、140 及 142 號 威威新樂地下 A 號舖	727
金鐘花園道 3 號萬國寶通廣場地下 1 號舖	234
灣仔軒尼詩道 38 號地下	001
灣仔菲林明道 145 號安康大廈 3 號地下	056
灣仔灣仔道 89 號地下	357
灣仔駱克道 146 號地下 A 號舖	388
銅鑼灣駱克道 414, 418-430 號	291
北德大廈地下 2 號舖 銅鑼灣堅拿道東 5 號地下連閣樓	521
天后英皇道 14 號僑興大廈地下 H 號舖	410
天后地鐵站 TIH2 號舖	319
炮台山英皇道 193-209 號英皇中心地下 25-27 號舖	289
炮台山炮台道 2,4,6,8 及 8A 號大廈地下 4 號舖	196
北角電器道 233 號都市花園 1, 2 及 3 座 炮台山地下 5 號舖	237
北角堡壘街 22 號地下	321
鰂魚涌海光街 13-15 號海光苑地下 16 號舖	348
太古康山花園第一座地下 1 號及 H2	039
西灣河筲箕灣道 388-414 號逢源大廈地下 H1 號舖	376
筲箕灣愛東商場地下 14 號舖	189
筲箕灣道 106-108 號地下 B 舖	201
西灣河地鐵站 HFC 5 及 6 號舖	342
西灣河興華邨和興閣 209-210 號	032
筲箕灣地鐵站 CHW12 號舖 (C出口)	300
柴灣小西灣道 28 號藍灣半島地下 18 號舖	199
柴灣小西灣廣場小西灣商場四樓 401 號舖	166
柴灣小西灣商場地下 6A 號舖	390
柴灣康翠臺商場 L5 樓 3A 號舖及部分 3B 號舖	304
香港仔中心第五期地下 7 號舖	163
香港仔石排灣道 81 號兆輝大廈地下 3 及 4 號舖	336
香港華富商中心 7 號地下	013
鴨脷洲海怡路 18A 號海怡廣場（東翼）地下 G02 號舖	349
鴨脷洲[?]海怡商場 5 樓 503 號 "7-8 號檔"	382 264

九龍區

店舖	代號
九龍碧街 50 及 52 號地下	381
大角咀港灣豪庭地下 G10 號舖	247
深水埗桂林街 42-44 號地下 E 號舖	180
深水埗富昌商場地下 18 號舖	228
長沙灣蘇屋邨商場地下 G04 號舖	569
長沙灣道 800 號香港紗廠工業大廈一及二期地下	241
長沙灣道 868 號利豐中心地下	160
長沙灣長發街 13 及 13 號 A 地下	314
荔枝角道 833 號昇悅商場一樓 126 號舖	411
荔枝角地鐵站 LCK12 號舖	320
紅磡機利士路 669 號昌盛金舖大廈地下	094
紅磡馬頭圍道 37-39 號紅磡商場地下 43-44 號	124
紅磡鶴園街 2G 號恆豐工業大廈第一期地下 CD1 號	261
紅磡愛景街 8 號海濱南岸 1 樓商場 3A 號舖	435
馬頭圍洋洋葵樹地下 111 號	365
馬頭圍新碼頭街 38 號翔龍灣廣場地下 G06 舖	407
土瓜灣土瓜灣道 273 號地下	131
九龍城衙前圍道 47 號地下 C 單位	386
尖沙咀寶勒巷 1 號惠豐中心地下 A 及 B 號舖	169
尖沙咀科學館道 14 號新文華中心地下 50-53&55 舖	209
尖沙咀明agit東路 63 號地下	269
左敦地鐵站 JOR10 及 11 號舖	451
佐敦寶靈街 20 號寶靈大樓地下 A，B 及 C 號舖	303

店舖	代號
佐敦佐敦道 9-11 號高基大廈地下 4 號舖	438
油麻地文明里 4-6 號地下 2 號舖	316
旺角水渠道 22,24,28 號安豪樓地下 A 號舖	177
旺角西海泓道富榮花園地下 32-33 號舖	182
旺角砵蘭街 43 號地下及閣樓	208
旺角亞皆老街 88 至 96 號利豐大樓地下 C 號舖	245
旺角登打士街 43P-43S 號鴻輝大廈地下 8 號舖	343
旺角洗衣街 92 號地下	419
旺角弼街 55 號萬利商業大廈地下 1 號舖	446
太子道西 96-100 號地下 C 及 D 舖	268
石硤尾南山邨南山商場大廈地下	098
樂富中心 LG6(橫頭磡南路)	027
樂富港鐵站 LOF6 號舖	409
新蒲崗寧遠街 10-20 號渣打銀行大廈地下 E 號	353
黃大仙盈福苑停車場大廈地下 1 號舖	181
黃大仙竹園邨竹園商場 11 號舖	081
黃大仙龍蟠苑龍蟠商場一 101 號舖	100
黃大仙地鐵站 WTS 12 號舖	274
慈雲山慈正邨慈正商場 1 平台 1 號舖	140
慈雲山慈正邨慈正商場 2 期下 2 號舖	183
鑽石山富山邨富信樓 3C 地下	012
彩虹地鐵站 CHH18 及 19 號舖	259
彩虹村金碧樓地下	097
九龍灣德福商場 1 期 P40 號舖	198
九龍灣宏開道 18 號德福大廈 1 樓 3C 舖	215
九龍灣常悅道 13 號瑞興中心地下 A	395
牛頭角淘大花園第一期商場 27-30 號	026
牛頭角彩德商場地下 G04 號舖	428
牛頭角彩盈邨彩盈坊 3 號舖	366
觀塘翠屏商場地下 6 號舖	078
觀塘秀茂坪十五期停車場大廈地下 1 號舖	191
觀塘協和街 101 號地下 H 號舖	242
觀塘秀茂坪寶達邨寶達商場二樓 205 號舖	218
觀塘物華街 19-29 號	575
觀塘牛頭角道 305-325 及 325A 號觀塘成立大廈地下 K 號	399
藍田茶果嶺道 93 號麗港城中城地下 25 及 26B 號舖	338
油塘匯景道 8 號匯景花園 2D 舖	385
油塘高俊苑停車場大廈 1 號舖	128
油塘邨鯉魚門廣場地下 1 號舖	231
油塘油麗商場 7 號舖	430

新界區

店舖	代號
屯門友愛村 H.A.N.D.S 商場地下 3114-3115 號	016
屯門置樂花園商場地下 129 號	114
新屯門大興街 1 號大興商場地下 L106 號舖	526
屯門山景邨商場 122 號地下	050
屯門大興邨商場 81-82 號地下	051
屯門青翠徑南光樓高層地下 D	069
屯門建生邨商場 102 號舖	083
屯門翠寧花園地下 12-13 號舖	104
屯門悅湖商場 53-57 及 81-85 號舖	109
屯門寶怡花園 23-23A 舖地下	111
屯門富泰商場地下 6 號舖	187
屯門屯利街 1 號華都花園第三層 2B-03 號舖	279
屯門海珠路 2 號海典軒地下 16-17 號舖	280
屯門啟發徑，德政圍，穗禾苑地下 2 號舖	292
屯門龍門路 45 號富健花園地下 87 號舖	299
屯門良景商場地下 6 號舖	324
屯門蝴蝶村熟食市場 13-16 號	329
屯門山景邨內商店 104	033
天水圍天恩商場 109 及 110 號舖	060
天水圍天瑞商場地下 L026 號舖	288
天水圍 Town Lot 28 號俊宏軒俊宏廣場地下 L30 號	437
元朗鳳屏邨屏鏡樓 M009 號舖	337
元朗水邊圍邨康水樓地下 103-5 號	023
元朗谷亭街 1 號傑文樓地舖	330 014 105

店舖	代號
元朗大棠路 11 號光華廣場地下 4 號舖	214
元朗青山道 218, 222 & 226-230 號富興大邨地下 A 舖	285
元朗又新街 7-25 號地下新大廈地下 4 號及 11 號舖	325
元朗青山公路 49-63 號金豪大廈地下 E 號舖及閣樓	414
元朗青山公路 99-109 號元朗貿易中心地下 7 號舖	421
荃灣大窩口村商場 C9-10 號	037
荃灣中心第一期高層平台 C8,C10,C12	067
荃灣麗城花園第三期麗城商場地下 2 號	089
荃灣海壩街 18 號 (近福來村)	095
荃灣圓墩圍 59-61 號地下 A 舖	152
荃灣梨木樹村梨木樹商場 LG1 號舖	265
荃灣梨木樹村梨木樹商場 1 樓 102 號舖	266
荃灣德海街富利達中心地下 E 號舖	313
荃灣鹹田街 61 至 75 號石壁新村遊樂場 C 座地下 C6 號舖	356
荃灣青山道 185-187 號荃勝大廈地下 A2 鋪	194
青衣港鐵站 TSY 306 號舖	402
青衣村一期停車場地下 6 號舖	064
青衣青華苑停車場地下	294
葵涌安蔭商場 1 號舖	107
葵涌石蔭東邨蔭興樓 1 及 2 號舖	143
葵涌邨第一期秋葵樓地下 6 號舖	150
葵涌盛芳街 15 號運芳樓地下 2 號舖	186
葵涌貨櫃碼頭葵安道 2 號葵安暉家居城地下 G-04 號舖	219
葵涌貨櫃碼頭亞洲貨運大廈第三期 A 座 7 樓	116
上水彩園邨彩華樓 301-2 號	403
粉嶺名都商場 2 樓 39A 號舖	018
粉嶺嘉福邨商場中心 6 號舖	275
粉嶺欣盛苑停車場大廈地下 1 號舖	127
粉嶺清河邨商場 46 號舖	278
大埔富亭邨富亨商場中心 23-24 號舖	341
大埔運頭塘邨商場 1 號舖	084
大埔安邦路 9 號大埔超級城 E 區三樓 355A 號舖	086
大埔南運路 1-7 號富雅花園地下 4 號舖, 10B-D 號舖	255
大埔墟大榮里 26 號地下	427
大圍火車站大堂 30 號	007
火炭禾寮坑路 2-16 號安盛工業大廈地下部分 B 地廠單位	260
沙田穗禾苑商場地下 G6 號	276
沙田乙明邨明耀樓地下 7-9 號	015
沙田新翠邨商場地下 6 號	024
沙田田心街 10-18 號雲疊花園地下 10A-C,19A	035
沙田小瀝源安平街 2 號利豐中心地下	119
沙田愉翠商場 1 樓 108 號舖	211
沙田美田商場地下 1 號舖	221
沙田廣源邨廣源商場地下	310
沙田火炭山尾街 4 號美林村地下 G1 號舖	233
馬鞍山耀安邨耀安商場店舖 116	070
馬鞍山錦英苑商場中心低層地下 2 號	087
馬鞍山富安花園商場中心 22 號	048
馬鞍山頌安邨頌安商場地下 1 號舖	147
馬鞍山錦泰苑錦泰商場地下 2 號舖	179
馬鞍山烏溪沙火車站大堂 2 號舖	271
西貢西貢傍德商場金寶大廈地下 12 號舖	168
西貢西貢大廈地下 23 號舖	283
將軍澳翠琳購物中心商店 105	045
將軍澳欣明苑停車場大廈地下 1 號	076
將軍澳寶琳邨寶勤樓 110-2 號	055
將軍澳新都城中心三期都會豪庭商場 2 樓 209 號舖	280
將軍澳景林邨商場中心 6 號舖	502
將軍澳厚德邨商場（西翼）地下 G11 及 G12 號舖	352
將軍澳寶寧路 25 號富寧花園 商場地下 10 及 11A 號舖	418
將軍澳明德邨明德商場 19 號舖	145
將軍澳尚德邨尚德商場地下 8 號舖	159
將軍澳唯德邨唯軍澳中心地下 B04 號舖	223
將軍澳彩明商場擴展部分二樓 244 號舖	251
將軍澳景嶺路 8 號都會駅商場地下 16 號舖	345
大嶼山東涌健東路 1 號映灣園映灣坊地面 1 號舖	295
長洲新興街 107 號地下	326
長洲海傍街 34-5 號地下及閣樓	065

大偵探7合1求生法寶

哨子
溫度計
隱密收納空間
電筒
指南針
放大鏡
鏡子

或

**大偵探福爾摩斯
數學偵輯系列①**

訂閱 兒童的科學 請在方格內打 ☑ 選擇訂閱版本

凡訂閱教材版 1 年 12 期，可選擇以下 1 份贈品：
□大偵探 7 合 1 求生法寶 或 □大偵探福爾摩斯數學偵輯系列①

訂閱選擇	原價	訂閱價	取書方法
□普通版（書半年 6 期）	~~$336~~	$216	郵遞送書
□普通版（書 1 年 12 期）	~~$576~~	$410	郵遞送書
□教材版（書＋教材 半年 6 期）	~~$660~~	$542	☒OK便利店 或書報店取書 請參閱前頁的選擇表，填上取書店舖代號→
□教材版（書＋教材 半年 6 期）	~~$840~~	$670	順豐快遞
□教材版（書＋教材 1 年 12 期）	~~$1320~~	$999	☒OK便利店或書報店取書 請參閱前頁的選擇表，填上取書店舖代號→
□教材版（書＋教材 1 年 12 期）	~~$1680~~	$1259	順豐快遞

訂戶資料

月刊只接受最新一期訂閱，請於出版日期前 20 日寄出。例如，想由 3 月號開始訂閱 兒童的科學，請於 2 月 10 日前寄出表格。

訂戶姓名：# _____ 性別：_____ 年齡：_____ 聯絡電話：# _____

電郵：# _____

送貨地址：# _____

您是否同意本公司使用您上述的個人資料，只限用作傳送本公司的書刊資料給您？（有關收集個人資料聲明，請參閱封底裏） # 必須提供

請在選項上打 ☑。 同意□ 不同意□ 簽署：_____ 日期：_____年____月____日

付款方法 請以 ☑ 選擇方法①、②、③、④或⑤

□①附上劃線支票 HK$ _____ （支票抬頭請寫：Rightman Publishing Limited）

　銀行名稱：_____ 支票號碼：_____

□②將現金 HK$ _____ 存入 Rightman Publishing Limited 之匯豐銀行戶口
　（戶口號碼：168-114031-001）。
　現把銀行存款收據連同訂閱表格一併寄回或電郵至 info@rightman.net。

□③用「轉數快」（FPS）電子支付系統，將款項 HK$ _____ 轉數至 Rightman Publishing Limited 的手提電話號碼 63119350，並把轉數通知連同訂閱表格一併寄回、 WhatsApp 至 63119350 或電郵至 info@rightman.net。

正文社出版有限公司
Scan me to PayMe

PayMe

□④用香港匯豐銀行「PayMe」手機電子支付系統內選付款後，掃瞄右面 Paycode，輸入所需金額，並在訊息欄上填寫①姓名及②聯絡電話，再按「付款」便完成。付款成功後將交易資料的截圖連本訂閱表格一併寄回；或 WhatsApp 至 63119350；或電郵至 info@rightman.net。

八達通
Octopus

□⑤用八達通手機 APP，掃瞄右面八達通 QR Code 後，輸入所需付款金額，並在備註內填寫❶ 姓名及❷ 聯絡電話，再按「付款」便完成。付款成功後將交易資料的截圖連本訂閱表格一併寄回；或 WhatsApp 至 63119350；或電郵至 info@rightman.net。

八達通 App
QR Code 付款

如用郵寄，請寄回：「柴灣祥利街 9 號祥利工業大廈 2 樓 A 室」《匯識教育有限公司》訂閱部收

收貨日期 本公司收到貨款後，您將於以下日期收到貨品：

• 訂閱 兒童的科學：每月 1 日至 5 日
• 選擇「☒OK便利店 / 書報店取書」訂閱 兒童的科學 的訂戶，會在訂閱手續完成後兩星期內收到換領券，憑券可於每月出版日期起計之 14 天內，到選定的 ☒OK便利店 / 書報店取書。
填妥上方的郵購表格，連同劃線支票、存款收據、轉數通知或「PayMe」交易資料的截圖，寄回「柴灣祥利街 9 號祥利工業大廈 2 樓 A 室」匯識教育有限公司訂閱部收、WhatsApp 至 63119350 或電郵至 info@rightman.net。

訂閱雜誌

除了寄回表格，也可網上訂閱！

兒童的科學 NO.226

請貼上
HK$2.2郵票
(只供香港
讀者使用)

香港柴灣祥利街9號
祥利工業大廈2樓A室
兒童的科學 編輯部收

有科學疑問或有意見、
想參加開心禮物屋，
請填妥問卷，寄給我們！

大家可用
電子問卷方式遞交

▼ 請沿虛線向內摺

請在空格內「✔」出你的選擇。　　　　我購買的版本為：01□實踐教材版 02□普通版

*給編輯部的話

*我的科學疑難/我的天文問題：

*開心禮物屋：我選擇的禮物編號

*本刊有機會刊登上述內容以及填寫者的姓名。

有關今期內容

Q1：今期主題：「魔術心理學大探究」
03□非常喜歡　　04□喜歡　　05□一般　　06□不喜歡　　07□非常不喜歡

Q2：今期教材：「奇趣魔術套裝」
08□非常喜歡　　09□喜歡　　10□一般　　11□不喜歡　　12□非常不喜歡

Q3：你覺得今期「奇趣魔術套裝」容易使用嗎？
13□很容易　　14□容易　　15□一般　　16□困難
17□很困難（困難之處：＿＿＿＿＿＿）　　18□沒有教材

Q4：你有做今期的勞作和實驗嗎？
19□蝙蝠掛飾　　20□實驗一：標籤清除妙招
21□實驗二：筆跡清除妙招

請沿實線剪下

請沿實線剪下

問　卷

讀者檔案

#必須提供

#姓名：		男 女	年齡：		班級：

就讀學校：

#居住地址：

#聯絡電話：

你是否同意，本公司將你上述個人資料，只限用作傳送《兒童的科學》及本公司其他書刊資料給你？（請刪去不適用者）

同意/不同意 簽署：＿＿＿＿＿＿＿＿＿＿＿＿ 日期：＿＿＿＿＿年＿＿＿月＿＿＿日

（有關詳情請查看封底裏之「收集個人資料聲明」）

讀者意見

A 科學實踐專輯：唐人街魔術奇遇
B 海豚哥哥自然教室：黑尾長耳大野兔
C 科學DIY：福到！「蝠」到！蝙蝠掛飾！
D 科學實驗室：「除」舊迎新
E 讀者天地
F 大偵探福爾摩斯科學鬥智短篇：
　　猩仔神探(1)
G 成語科學對對碰：海市蜃樓
H 天文教室：雙子座流星雨——台灣星野行

I 人體趣談：我們為甚麼會覺得冷？
J 古生物發掘場：水中「暴龍」大發現！
K 數學偵緝室：李大猩的跑步鍛煉
L 活動資訊站
M 曹博士信箱：為甚麼水在海裏是藍色，
　　　　　　　在杯裏卻是透明的？
N 科學Q&A：沒有石油的一天（下）

＊請以英文代號回答Q5至Q7

Q5. 你最喜愛的專欄：

第 1 位 22＿＿＿＿＿　　第 2 位 23＿＿＿＿＿　　第 3 位 24＿＿＿＿＿

Q6. 你最不感興趣的專欄：25＿＿＿＿　原因：26＿＿＿＿＿＿＿＿＿

Q7. 你最看不明白的專欄：27＿＿＿＿　不明白之處：28＿＿＿＿＿＿＿＿

Q8. 你從何處購買今期《兒童的科學》？

29□訂閱　　30□書店　　31□報攤　　32□便利店　　33□網上書店

34□其他：＿＿＿＿＿＿＿＿＿＿＿＿＿＿＿＿＿

Q9. 你有瀏覽過我們網上書店的網頁www.rightman.net嗎？

35□有　　　36□沒有

Q10. 你今年的農曆新年假期會如何度過？(可選多項)

37□拜年　　38□溫習　　39□做功課　　40□閱讀

41□回內地旅遊　　42□出國旅遊　　43□其他：＿＿＿＿＿＿＿＿＿＿

Q11. 你想參觀哪間香港的博物館？(可選多於一項)

44□香港科學館　45□香港太空館　46□故宮文化博物館　47□香港藝術館　48□M+

49□大館　50□香港歷史博物館　51□香港文化博物館　52□香港海防博物館

53□香港視覺藝術中心　54□香港電影資料館　55□香港鐵路博物館　56□香港文物探知館

57□上窰民俗文物館　58□孫中山紀念館　59□李鄭屋漢墓博物館　60其他：＿＿＿＿